Foto: Rüdiger Schuckay

Verlag Podszun-Motorbücher GmbH
Elisabethstraße 23-25, D-59929 Brilon
Internet: www.podszun-verlag.de
E-Mail: info@verlag-podszun.de

Herstellung: Druckhaus Cramer, Greven

ISBN 978-3-86133-815-4

Jahrbuch 2017
Omnibusse

PODSZUN

Liebe Leserin, lieber Leser!

Auch in diesem Jahr soll das Omnibus-Jahrbuch wieder mit interessanten Aufsätzen und aussagekräftigen Abbildungen aus der großen Schar der Omnibusfreunde die Leserinnen und Leser erfreuen. Zum Redaktionsschluss am 1. März waren schon so viele spannende Geschichten eingegangen, dass ich meinen Aufsatz über die IAA 1953 in Frankfurt für die nächste Ausgabe zurückstellen musste – sollte doch die Elektromobilität in der Vergangenheit im diesjährigen Jahrbuch einen Schwerpunkt bilden.

Während in den USA um die Jahrhundertwende das Elektromobil dem Benzin bzw. Dampf betriebenen Fahrzeug in den Stückzahlen weit überlegen war, fuhren in Deutschland, dem Land, wo der Benzinmotor erfunden wurde, doch mehr „Stink- und Rasselwagen“, wie die Zeitschrift Jugend 1903 schrieb.

Neben Berlin war Köln ein Zentrum der Elektromobilität. Darüber berichtet Jürgen Wolter in seinem umfassenden Bericht. In einem weiteren Beitrag informiert er über die Batteriebusse der Gesellschaft für elektrischen Straßenverkehr. Dass es Elektrobusse, die ihre Energie aus einem mitgeführten Anhänger, in dem die schweren Batterien untergebracht waren, schon einige Jahrzehnte früher gab, erzählt Holger Werner in seinem Bericht über den Wegmann Akku-Bus.

Ich stelle in meiner Abhandlung über den Gyrobus die Frage, ob das schon Ende der 1940er-Jahre vorgestellte Antriebskonzept nicht auch heute für den Stadtverkehr eine Alternative sei.

Dr. Günter Kann, jahrelang eifriger Nutzer der Rheinbahn, beleuchtet diese in 19 Episoden.

Stefan Limburg hat sich intensiv mit dem Postautobetrieb im Fürstentum Liechtenstein beschäftigt und uns seine Recherchen und Bilder zur Verfügung gestellt.

Der vielen Omnibusfreunden bekannte Busexperte Jürgen Jacobi stellt die Karosseriefabrik Adolf Emmelmann mit vielen zeitgenössischen Bildern vor.

Über seine persönlichen Erfahrungen als Omnibusfahrer in der ehemaligen DDR berichtet Dieter Kmoch, und Dr. Hans-Christian Herrmann dokumentiert die Zeit der französischen Fahrzeuge in dem damals besetzten Saarland.

Nach den Korrekturen der Jahrbücher 2015 und 2016 gibt Dr. h.c. Konrad Auwärter die Termine für Internationale Omnibustreffen 2017/18 bekannt.

Fachliche Beratung erteilte wieder Jürgen Jacobi, und das Lektorat übernahm dieses Mal Petra Heidrich. Beiden danke ich herzlich für ihr Engagement. Die digitale Bearbeitung der eingegangenen Texte und Bilder übernahm abermals Dr. Dirk Jung.

Der Redaktionsschluss für das Omnibus-Jahrbuch 2018 ist der 1. März 2017.

Ihr Peter Michels

Peter Michels, Altes Forsthaus Rehsiepen, 57392 Schmallenberg, Telefon 02975/273

P.S.

Sie können das Jahrbuch in Buchhandlungen oder direkt beim Verlag abonnieren.

Von den Ausgaben 2015 und 2016 sind noch Restexemplare lieferbar. Fordern Sie kostenlos und völlig unverbindlich unser Gesamtverzeichnis an mit Büchern über Traktoren, Forstmaschinen, Baumaschinen, Lastwagen, Schwertransporte, Autokrane, Autos, Motorräder, Lokomotiven und Feuerwehrfahrzeuge:

Verlag Podszun-Motorbücher GmbH, Elisabethstraße 23-25, D-59929 Brilon

Telefon 02961/53213, Fax 02961/2508, Email: info@podszun-verlag.de

Internet: www.podszun-verlag.de

Jürgen Wolter

Unter Strom

Elektromobilität in Köln

Der elektrische Wagen vereinigt, bis auf eine, alle Eigenschaften, welche ein Fahrzeug zu einem geradezu idealen machen können. Der geräuschlose Motor ist der reinlichste, geschmeidigste, den man sich nur wünschen kann … Er verbreitet weder einen üblen Geruch, noch lässt er weiße und schwarze Rauchwolken als unangenehmes Zeichen seiner Gegenwart am rückwärtigen Teil des Gefährtes zurück.

Dabei ist der elektrische Wagen der mit dem sanftesten Gange bevorzugte, den es gibt. Keine Stöße beim Anfahren, keine kreischenden Zahnräder für den Geschwindigkeitswechsel, keine unausstehlichen Erschütterungen während des Stehenbleibens; Motor und Fahrzeug sind einander solidarisch … Der erstere beginnt seine Tätigkeit ohne jeglichen Antrieb beim Durchfluss des Stromes und bleibt zugleich mit dem Wagen stehen. Hierzu kommt die große Einfachheit: keine Röhren, keine komplizierten Reservoirs für Benzin, Wasser, Öl, keine Pumpen, keine Zugstangen, keine Schwierigkeiten beim Herstellen der Karosserie.

Die Lobeslitanei des elektrischen Wagens nähme fast kein Ende – wenn demselben nicht eine, aber eine der wichtigsten Eigenschaften fehlen würde: die leichte Beschaffung seines Betriebsmaterials."

Diese Sätze schrieb um 1900 der französische Automobil-Journalist Louis Baudry de Saunier in seinem (auch ins Deutsche übersetzten) Standardwerk „Das Automobil in Theorie und Praxis".

Damals war es längst nicht ausgemachte Sache, dass ein Auto von einem Verbrennungsmotor angetrieben werden müsse. Eine starke Konkurrenz war der Elektroantrieb, dessen Betriebsmaterial, der elektrische Strom, jedoch nur in geringen Mengen mitzuführen war. Sein Speichermedium, die Batterie, war groß und schwer.

Die damaligen Fahrzeuge mit Benzinmotor hatten zwar eine größere Reichweite, dafür aber noch jede Menge Unzulänglichkeiten. Vor allem die Kraftübertragung zwischen Motor und Rädern machte Probleme, Getriebe und Kupplung zeigten mit schreienden Zahnrädern und krachenden Pleuelstangen eindringlich, wie schlecht ihr Zusammenspiel funktionierte. Hinzu kam das Anlassen des Wagens mit der Kurbel, das mühevoll und eigentlich unter der Würde eines vornehmen Herrenfahrers war. Auch das Besorgen des Treibstoffs war nicht immer einfach. Benzin wurde in Apotheken verkauft, und die hatten oft nicht die vom Ausflugs-Automobilisten gewünschte Menge vorrätig.

Das Benzinauto qualmte, stank und lärmte. Pferde wurden scheu, Fußgänger wütend. Den ersten „Autlern" schlug oft blanker Hass entgegen, sie wurden manchmal von Passanten attackiert. Die Behörden verboten ihnen vielerorts das Befahren öffentlicher Straßen.

„Stink- und Rasselwagen" nannte 1903 die Zeitschrift Jugend die modernen Fahrzeuge, „Geschwindigkeitsidioten" deren Lenker. Das Familienmagazin „Die Gartenlaube" schrieb im selben Jahr: „Jeder dieser Wagen mit seinem ganze Straßen aufschreckenden Lärm, seiner im Umkreise nachschwebenden Luftverpestung, seinen gräulichen Signaltönen, mit seinem dick aufgewirbelten Schmutzstaub bedeutet eine ungeheure Vergewaltigung fremder Nerven und Organe, welche die moderne Ordnung keiner anderen Klasse gestattet. Und eine vielfältige direkte Lebensbedrohung ist immerhin auch das Vergnügungsautomobil für alle, die von Erwerbs wegen oder sonst auf Straßen und Chausseen zu tun haben."

Gottfried Hagen ◎ Kalk bei Köln.

Abteilung: AUTOMOBIL-WERKE.

Gegründet 1827. Juli 1906. Ueber 750 Arbeiter.

Werksansicht Kalk *Abbildung aus Katalog von Gottfried Hagen 1906*

Das Elektromobil war leise und abgasfrei und verschreckte keine anderen Verkehrsteilnehmer. Es war leicht zu bedienen, setzte sich nach einem drehenden Griff am Fahrschalter in Bewegung. Es war unkompliziert aufgebaut, verursachte dadurch weniger Reparaturen und hielt lange.

Zu leiden hatte das Elektroauto unter der Batterie, die das Fahrzeug schwer machte, dadurch die Nutzlast herabsetzte und den Reifenverschleiß erhöhte. Üblicherweise war ein Strom getriebenes Fahrzeug um ein Drittel schwerer als ein Benziner. Des Weiteren war die Batterie empfindlich, litt unter Stößen und konnte sich dann plötzlich entladen.

In dem Ratgeber Autokauf hieß es 1908: „Die Vorzüge des Elektromobils treten so augenscheinlich zutage, dass man nur wenig zu sagen hat. Es sind: Geräusch- und Geruchlosigkeit, leichte Handhabung, kein Ankurbeln, einfache Konstruktion.

Die Nachteile: geringer Aktionsradius, da der Strom der mitgeführten Batterie höchstens für 100 km ausreicht... Das Neuladen dauert lange, doch braucht man davon nicht abhängig zu sein, wenn man die entladenen Batterien einfach gegen frisch geladene umtauscht, also zwei volle Sätze Akkumulatoren zur Verfügung hat... Der elektrische Wagen eignet sich daher speziell für den Stadtverkehr. Als eleganter Stadtwagen, Koupee, Landaulet eignet sich aber das Elektromobil vorzüglich und nimmt an Verbreitung ständig zu."

Eine Ahnung vom Verhältnis der unterschiedlichen Antriebsarten vermittelte die II. Deutsche Automobilausstellung in Berlin im Jahr 1902: gezeigt wurden 75 Fahrzeuge mit Verbrennungsmotor, zehn Elektromobile und ein Dampfwagen. Der Bestand an Kraftfahrzeugen (inklusive Zweiräder und Lastwagen) lag damals in Deutschland bei 4738 Stück.

In den USA lag um die Jahrhundertwende das Elektroautomobil noch klar vorn: 48 Prozent der produzierten Fahrzeuge fuhren mit Elektro-, 32 Prozent mit Dampf- und 20 Prozent mit Benzinantrieb.

In Deutschland war Köln neben Berlin ein Zentrum der Elektromobilität. Es gab nicht nur innovative Fahrzeug- und Batteriebauer, sondern auch einige – im wahrsten Sinne des Wortes – elektrisierte Betreiber solcher Mobile.

Der einflussreichste Hersteller war Gottfried Hagen, der fast hundert Jahre lang Batterien und zeitweise komplette Automobile fertigte. Er soll im Mittelpunkt dieses Beitrags stehen, weil er so gut wie alle in Köln gebauten und betriebenen Elektrofahrzeuge mit Batterien ausstattete und die passenden Ladestationen und Werkstattausrüstungen mitlieferte.

Gegründet wurde das Unternehmen im Jahre 1827 vom Kaufmann Franz Josef Hagen, der mit Metallen, Dünger, Effekten und Immobilien handelte. 1839 baute er daneben eine Bleirohrfabrik auf.

Der Sohn des Firmengründers, Gottfried Hagen, stieg 1855 in das Unternehmen ein und gab ihm 1871 seinen Namen. Er konzentrierte sich auf die Bleifertigung, denn Walzblei und Bleirohre wurden rege nachgefragt.

Darüber hinaus bot eine neue Erfindung interessante Anwendungsmöglichkeiten für den Werkstoff Blei: der Akkumulator (Akkumulatoren sind wiederaufladbare Batterien; kurz Akku, früher Sammler genannt) mit Schwefelfüllung (Elektrolyt) und stromführenden Platten (Elektroden) aus Blei. Dieses Material war geeignet, weil es große Mengen Sauerstoff binden konnte. Und es war vergleichsweise billig.

Zunächst fabrizierte Gottfried Hagen im Auftrag eines niederländischen Batterieanbieters Bleiplatten und Akkus, ehe man sich an Eigenkonstruktionen wagte. Die neue Sparte, die auch als Kölner Accumulatoren-Werke (KAW) firmierte, wurde zum Kern des Unternehmens. An ihrer Spitze standen der erfahrene Werkmeister Carl Beyer und der frisch angeheuerte Elektriker Erich Sieg. Um die Jahrhundertwende beschäftigten die Akkufabrik bereits 245, das Bleiwerk 65 und ein neues Gummiwerk zur Herstellung von Batteriekästen und Isolierungen 15 Leute.

Zuvor (1890) war Gottfried Hagen von der Kölner Südstadt in das rechtsrheinische Kalk umgezogen. Man übernahm eine ehemalige Fabrik für Holzbearbeitungsmaschinen und errichtete im Laufe der Zeit rund 50 Fabrik- und Bürogebäude auf dem Areal. Eine Werkseisenbahn mit zwei Lokomotiven verband die Produktionsstätten untereinander.

Die Hagen-Ansiedlung war einer der Höhepunkte in einem wahren Industrialisierungsboom, der aus dem Dorf Kalk bis zur Eingemeindung nach Köln 1910 eine 27000-Einwohner-Stadt machte.

Ähnliche Industriestandorte rund um Köln entstanden auch in Ehrenfeld, Nippes und Mülheim. Ein Grund dafür war der Status Kölns als Festung. Innerhalb der Festung gab es zu wenig Platz für expandierende Industriebetriebe, und drumherum lag ein Rayon, der nicht bebaut werden durfte. Also siedelte man sich außerhalb des Rayons an, wo überdies die Bodenpreise günstig waren.

In der Batterietechnik verbesserten Beyer und Sieg die Elektrodengitter und die Gießform für dessen Herstellung. „Die Kölner Accumulatoren-Werke giessen ein Gitter, welches aus zwei Hälften mit nach außen stärker werdenden Rippen besteht", erläuterte der wissenschaftliche Leiter Erich Sieg. „Die beiden Gitterhälften decken sich völlig und liegen nicht dicht aufeinander, sondern sind durch einen freien Raum voneinander getrennt und nur durch kleine Stege an den Kreuzungspunkten der Rippen und durch einen festen Rahmen miteinander verbunden… Die hiernach hergestellten Accumulatoren erfüllen bei richtiger Wartung alle Ansprüche, welche man an derartige Apparate überhaupt stellen kann, und zeigten sich bei den vergleichenden Versuchen über die Haltbarkeit von Accumulatoren verschiedener Systeme, welche die Generaldirektion der Grossh. Badischen Staatsbahnen 1895 anstellte, als den anderen Systemen überlegen. Sie erfreuen sich heute bereits einer Anwendung in mehr als 3000 Anlagen." Dazu gehörten unter anderem Zugbeleuchtungsbatterien für Eisenbahnen und Pufferbatterien für Straßenbahnen und Krananlagen.

Anzeige aus der Kölnischen Zeitung vom 16. Januar 1905

Archiv Immo Mikloweit

Außerdem konzipierte Hagen Akkutriebwagen, die auf einer eigenen Versuchsstrecke getestet wurden. Solche offerierte Gottfried Hagen der Stadt Köln, als diese 1896 den Bau eines Straßenbahnnetzes ausschrieb. Hagen warb mit dem Verzicht auf die unschöne Oberleitung und wollte die Batterien an den Endstationen wieder aufladen. Köln entschied sich indes für eine konventionelle, drahtgespeiste Straßenbahn. In Bremerhaven aber wurde unter finanzieller Beteiligung von Gottfried Hagen eine Akkubahn realisiert.

Erste Versuche mit Elektroautomobilen unternahm Gottfried Hagen 1898. Damals gründete man zusammen mit der Kölner Electricitäts-AG vorm. Louis Welter & Co. (Zollstock) und der Waggonfabrik P. Herbrand & Co. (Ehrenfeld) die Allgemeine Betriebs-Aktiengesellschaft für Motorfahrzeuge (ABAM). Angetrieben wurden die Fahrzeuge von zwei an den Vorderrädern schwingend aufgehängten Motoren nach dem System Kriéger. ABAM erwarb exklusiv für Deutschland die Lizenz für dieses Antriebskonzept.

„Berufendstes Fahrzeug für Stadtbetriebe mit wirtschaftlich bestem Erfolge", warb ABAM und versprach Laufleistungen von 90 km mit einer Batterieladung. ABAM rühmte die „geschmackvolle Bauart" ihrer Vehikel und versprach eine „absolut sichere Führung bei einfachster Handhabung".

Weil sich das private Kaufinteresse an den teuren ABAM-Personenwagen in Grenzen hielt, setzte man sie als Motordroschken ein. Unter ABAM-Beteiligung entstanden Taxibetriebe in Köln, Düsseldorf und Berlin.

Lastwagen und Omnibusse lieferte ABAM probeweise an die Kaiserliche Post: Neben einem Güterpostwagen war es 1904 ein 18-sitziger Bus zur Beförderung der Briefträger in ihre Einsatzviertel. 2300 kg wog das Fahrzeug, davon entfielen 850 kg auf die Batterie. Die errechnete Reichweite lag bei 65 bis 70 km, tatsächlich legte der Wagen werktags durchschnittlich 59 km zurück. Während der achtmonatigen Testphase legte er 9500 km störungsfrei zurück. „Gut bewährt" habe sich der Briefträgerwagen, hieß es in einem Bericht der Post. „Er läuft ruhig und befördert die Briefträger in einer erheblich kürzeren Zeit in ihre Zustellbezirke als die mit Pferden bespannten Briefträgerwagen."

„Es ist selbstverständlich, dass wir anfangs uns den Wünschen des Publikums mehr akkomodieren mussten als dies seitens bereits eingeführter Firmen der Brauch ist, weshalb wir bei diesen Geschäften das Hauptaugenmerk nicht auf den Verdienst richten konnten", stand im ABAM-Geschäftsbericht 1904. Aber: „Es gereicht uns zum Vergnügen mitteilen zu können, dass diese Wagen die größte Zufriedenheit ihrer Besitzer erlangt haben, worüber uns schriftliche Atteste vorliegen."

Dennoch wurde 1905 die Automobilfertigung aufgegeben: „Wir hatten nur Gelegenheit, Bestellungen auf einzelne Wagen bzw. Probewagen hereinzunehmen, deren Gestehungskosten mit den erzielten

ABAM Briefträger-Omnibus von 1904 *Foto: Archiv Immo Mikloweit*

Anzeige „Maxwerke" *Archiv Immo Mikloweit*

Preisen nicht in Einklang zu bringen waren. Die Herstellung ist nur dann wirtschaftlich, wenn eine größere Anzahl von Wagen desselben Typs gleichzeitig in Angriff genommen wird. Zu nutzbringender Ausgestaltung der Verkaufstätigkeit wäre es für uns unerlässlich gewesen, ständig eine große Anzahl von Chassis vorrätig zu halten, was bei unseren beschränkten Betriebsmitteln nicht möglich war. Das Fabrikationsgeschäft ist nach bekannten Erfahrungen nur dann lohnend, wenn es auf breiter finanzieller Basis aufgebaut ist."

Die Kriéger-Lizenz wurde an die in Bremen entstandene Norddeutsche Automobil- und Motoren AG (NAMAG) verkauft. Die Allgemeine Betriebs-Aktiengesellschaft für Motorfahrzeuge erhielt dafür NAMAG-Aktien im Wert von 200 000 Mark.

Die Kölner ABAM erhielt nach dem Ende der eigenen Fertigung noch einige wenige Bestellungen, so für weitere Briefträgerbusse. Deren Fahrgestelle ließen sie von der NAMAG herstellen.

Ende 1907 beschlossen die Aktionäre die Liquidation ihrer Allgemeinen Betriebs-Aktiengesellschaft für Motorfahrzeuge.

In jenen elektromobilen Pionierjahren gab es in Köln weitere Hersteller.

Ein kaum Spuren hinterlassender Anbieter waren die Maxwerke Harff & Schwarz, die zwischen 1899 und 1903 Geschäftswagen und Kleinbusse im konservativen Kutschen-Stil fabrizierten.

Langlebig und zeitweise sehr erfolgreich waren die Kölner Elektromobil-Werke Heinrich Scheele, die ab 1899 maßgeblich die Motorisierung der Kölner Post, Feuerwehr und Müllabfuhr mitbestimmten.

Scheele baute 1904 für die Kölner Post deren allerererstes Automobil, einen Wagen nach Art des einspännigen Güterwagens Gattung Gc'. „Er zeichnet sich durch ruhigen Gang aus und ist leicht und sicher zu führen", berichtete seinerzeit die Deutsche Verkehrs-Zeitung. „Sind auch Störungen nicht ganz ausgeblieben, so sind diese doch nicht erheblich zahlreicher gewesen, als die beim Pferdebetrieb vorkommenden." Werktags war der Wagen rund 50 km unterwegs, mit 13 km/h Spitze.

Zwischen 1907 und 1915 lieferte Scheele die ersten vier automobilen Krankenwagen an die Berufsfeuerwehr Köln aus. Diese war für den Kranken- und Verletztentransport zuständig, weil sie über ein Meldesystem verfügte und jederzeit einsatzbereit war. Die Kutschen ähnlichen Ambulanzwagen wogen leer über 2 t, deren Batterien 520 kg. Die Höchstgeschwindigkeit betrug 25 km/h, die Reichweite 75 km. „Die mit diesem Fahrzeug gemachten Erfahrungen haben bestätigt, dass der elektromobile Betrieb nicht nur

Anzeige „Scheele" *Archiv Immo Mikloweit*

Chassis des Scheele Elektromobil *Foto: aus Autotechnikus, Autokauf, Berlin 1908*

zuverlässig, sondern auch wirtschaftlich bedeutend günstiger ist als der Betrieb mit Pferden", urteilte die Feuerwehr. „Das Fahrzeug ist sorgfältig abgefedert, sodass Stöße und Erschütterungen für die zu transportierenden Personen ganz ausgeschlossen sind. Die Anfahrt des Wagens geschieht so langsam, dass sie kaum bemerkbar ist."

Auch für ihre Lösch- und Leiterfahrzeuge wählte die Berufsfeuerwehr den Elektroantrieb. Der war in jenen Jahren (neben dem Dampfbetrieb) bei den Feuerwehren die erste Wahl. Benzinwagen waren nicht sofort startklar, sondern mussten erst mühsam angekurbelt werden. „Auch war es jedem Feuerwehrmann unheimlich, in einem Benzinfahrzeug mit brennenden Pech- und Magnesiumfackeln zur Brandstelle zu fahren oder das Fahrzeug der strahlenden Hitze auf der Brandstelle auszusetzen", wusste Gustav Ewald, ehemaliger Feuerwehrmann und späterer Löschgerätefabrikant, zu erzählen. Beim Betanken lief häufig Benzin über und entzündete sich an den heißen Auspuffrohren.

Bei den deutschen Feuerwehren waren neben den Pferde bespannten Fahrzeugen 1904 jeweils sieben Dampf- und Elektrofahrzeuge im Einsatz. 1908 waren es 20 Dampfer, 70 Stromer und (erstmalig) drei Benziner.

Die erste Elektrospritze beschaffte die Kölner Feuerwehr 1902 bei der Waggonfabrik für elektrische Bahnen, vorm. W.C.F. Busch aus Bautzen. 1910 und 1913 rüstete man die beiden Fahrzeuge eines dampfautomobilen Magirus-Löschzugs in der eigenen Werkstatt auf Elektrotraktion um.

Für eine neue Feuerwache in Deutz wurde 1912 ein dreiteiliger Löschzug (Drehleiter, Motorspritze, Gerätewagen) von Scheele bezogen. Es waren imposante, gut 7 t wiegende Fahrzeuge mit Radnabenmotoren, Spitze: 35 km/h. Runde Hauben ahmten den benzinautomobilen Stil nach, verbargen aber nur die Batterien. Schnittige Scheinwerfer und riesige Läutewerke setzen weitere Akzente.

In der Praxis bewährten sich die Scheele-Mobile nicht: „Wenn ein solcher Zug… durch die rechtsrheinischen Holperstraßen, die noch für Pferde- und Ochsengespanne bestimmt waren, raste, dann gab es ein großes Fensterscheibenklirren", hieß es in einem internen Bericht. „Schon nach einem Jahr sahen die Wagen innerlich recht abgearbeitet aus, denn so gut das Material war, die Beanspruchung war doch zu groß. Auf einer Fahrt… landeten wir ohne unsere Vollgummireifen auf den Felgen der Räder am Brandherd. Der Gummi war abgeschmolzen durch die Last des Fahrzeuges."

Elektrischer Stadtwagen von Scheele *Foto: aus Autotechnikus, Autokauf, Berlin 1908*

Krankenwagen von Scheele für die Berufsfeuerwehr Köln 1910 *Foto: Berufsfeuerwehr der Stadt Köln*

Gerätewagen von Scheele der Feuerwehr Deutz 1912 *Foto: Berufsfeuerwehr der Stadt Köln*

Motorspritze von Scheele der Feuerwache Deutz 1912 *Foto: Berufsfeuerwehr der Stadt Köln*

Bis 1925 wurden die Feuerwehrflotten auf Benzinantrieb umgestellt.

Die Kölner Elektromobil-Werke Heinrich Scheele bauten auch Personenwagen für Taxibetriebe und den Privatgebrauch. Der Verein der Industriellen lobte Scheele 1908: „Durch große Aufträge im In- und Ausland, hervorgerufen durch das tadellose Funktionieren der Wagen, hat sich die Firma ihren guten Ruf auf dem Weltmarkt erworben und ist in Deutschland wohl unbestritten die führende im Elektromobilbau."

Geist Dynamobil *Foto: Archiv Jürgen Wolter*

Übrigens: Wilhelm Karmann war zwischen 1899 und 1901 Abteilungs- und Betriebsleiter bei Scheele, bevor er sich in Osnabrück als Karosseriebauer selbstständig machte.

1929 oder 1930 stellte Scheele den Betrieb ein. Die 1925 errichtete neue Fabrik in Bickendorf ist erhalten geblieben und in den letzten Jahren zu einem noblen Bürokomplex umgebaut worden.

Einen Urahn der heute aktuellen Hybridfahrzeuge entwickelte die Ernst Heinrich Geist Electricitäts-AG. Das 1890 gegründete Unternehmen fertigte seit diesem Jahr Transformatoren, Dynamos und Elektromotoren (unter anderem für Scheele).

1900 präsentierte es einen benzinelektrisch getriebenen Lastwagen namens Dyna-Geist oder Dynamobil, der den einzigen Nachteil der Elektrotraktion, die begrenzte Reichweite, ausschalten sollte. Ein etwa 30 PS starker Benzinmotor trieb einen Generator an, dessen Energie zu zwei Elektromotoren an den Hinterrädern geleitet wurde.

„Gegenüber direkt vom Benzinmotor getriebenen Kraftwagen ist das Dynamobil wirtschaftlicher im Betrieb, denn es fährt immer mit der kleinstmöglichen Umdrehungszahl des Benzinmotors, bei der die gewünschte Fahrgeschwindigkeit noch erreicht werden kann. Er braucht darum nur etwa den dritten Teil des Benzins für den Tonnenkilometer", jubelte der Geschäftsbericht 1906/07. „Das Dynamobil ist einfacher und leichter zu bedienen für den Fahrer. Es fährt stoßlos an, wechselt stoßlos die Geschwindigkeit und hält auch stoßlos. Dadurch gleiten die Gummireifen nicht am Boden und besitzen die drei- bis vierfache Dauer wie bei gewöhnlichen Benzinwagen."

Den scheinbar prestigeträchtigsten Auftrag erhielt Geist 1907 von den Bahnen der Stadt Köln, und zwar für ein Fahrzeug für die erste Omnibuslinie. Weil sich die Verantwortlichen noch unsicher waren, welcher Antriebsart die Zukunft gehören sollte, deklarierten sie diese Linie ausdrücklich als Versuch und orderten neben dem Geist-Dynamobil noch einen Benzinbus der Süddeutschen Automobilfabrik Gaggenau. Der Geist wog 5 t und kostete 19 000 Mark, der Gaggenauer 4 t und 18 000 Mark.

Die erste Autobuslinie wurde im Dezember 1907 zwischen der Wilhelmstraße in Nippes und dem Botanischen Garten in Riehl eröffnet. Der „Geist" gab schnell seinen Geist auf, ein halbes Jahr laborierte man an dem komplizierten Fahrzeug herum. Der benzingetriebene Kollege verrichtete seine Arbeit ordentlich, zog aber auch kaum Passagiere an. Im ersten Betriebsjahr erwirtschaftete man ein Minus von 7821,50 Mark. Allein die Reparaturkosten für die beiden Busse schlugen mit 3609,19 Mark zu Buche! Man kam auf einen Kilometerpreis von 74,4 Pfennig – dreimal so viel wie für einen doppelt so großen Straßenbahnwagen.

Das Abenteuer Omnibus wurde im Februar 1909 beendet. „Der Automobilomnibusbetrieb Nippes-Riehl ist… bis auf weiteres eingestellt", vermeldete der Kölner Stadt-Anzeiger. „Dem Vernehmen nach sollen die Fahrzeuge wieder reparaturbedüftig sein. Beim letzten Regenwetter waren die Giebel, Fenster und Schaukästen, auch an den breitesten Straßen von Nippes, die die Omnibusse zumeist ohne Fahrgäste passieren, meterhoch mit Schmutzspritzern bedeckt und an Beschwerden hat es nicht gefehlt."

Der Dynamobil-Bus ging an den Hersteller zurück. Die Geist AG kam in Schwierigkeiten, nicht wegen ihrer Hybridautos, sondern wegen des Konkurrenzdrucks der großen Elektrokonzerne. Das Unternehmen wurde im folgenden Jahr freiwillig liquidiert, und „sämtliche verfallenen Verpflichtungen wurden ordnungsgemäß erledigt".

Gottfried Hagen richtete 1904 eine eigene Abteilung „Automobilwerke“ ein. Sie bot eine umfassende Palette aus Personenwagen, Omnibussen und Lastwagen, die komplett von Hagen hergestellt wurden. Das war seinerzeit nicht üblich, meist wurde nur das Chassis mit dem Antrieb von einer Autofabrik geliefert. Ein Karosseriewerk setzte dann einen Aufbau nach dem Geschmack des Kunden darauf.

„Urbanus“ nannte sich das Gottfried-Hagen-Automobil: „Es ist allgemein anerkannt, dass der elektrische Wagen das Ideal eines Automobils ist, solange an den Aktionsradius des Fahrzeugs und die Geschwindigkeit desselben keine zu hohen Ansprüche gestellt werden“, konnte man in einem Hagen-Prospekt lesen. „Ich glaube, Ihnen das Vollkommenste auf dem Markt zu bringen.“

Die Fahrzeuge wurden von zwei an den Vorderrädern angebrachten Motoren angetrieben, Zahnräder übertrugen die Kraft vom Motor auf das Rad. Der Prospekt erklärte: „Jedes Vorderrad wird durch einen Motor angetrieben, der seinerseits um die Radachse schwingen kann, andererseits federnd an der Lenkvorrichtung aufgehängt ist. Der Wagen ist somit stets gezogen, neigt nicht zum Gleiten und kann enge Kurven befahren.“ Ob Hagen hierfür auf die ihm aus der ABAM-Zeit bekannten Kriéger-Prinzipien zurückgriff, lässt sich heute kaum noch nachprüfen. In der (bescheidenen) Fachliteratur über Hagen wird gelegentlich von einem Kriéger-Lizenzerwerb berichtet, in seinem Katalog erzählt Gottfried Hagen hingegen von einem eigenen Patent auf diesen Vorderradantrieb (D.R.P. 112259). Insgesamt steckten in den Urbanus-Wagen eine Handvoll Patente, weitere schützten Batterieelemente und deren Herstellungsverfahren.

Gottfried Hagen: „Die von mir hergestellten Motoren sind meine Spezialkonstruktion und bieten bei geringem Gewicht vorzüglichen Wirkungsgrad und Betriebssicherheit.“ Ein 2,5-PS-Motor wog inklusive der Aufhängung 36 kg.

Neben diesen aufgehängten Motoren baute Gottfried Hagen auch Radnabenmotoren. Die schienen das Nonplusultra des Elektroantriebs zu sein, weil sie direkt jedes Rad antrieben und jede Übersetzung ausschalteten. Allerdings machten sie das Rad schwer und belasteten die damals noch empfindliche Bereifung. Außerdem waren sie allen Erschütterungen ausgesetzt, kollabierten öfter und verschlissen schneller.

Benzinbus der Süddeutschen Automobilfabrik Gaggenau 1907 für die Bahnen der Stadt Köln *Foto: Kölner Verkehrs-Betriebe*

Der Chauffeur regelte mit einem Kontroller die Geschwindigkeit. Der Hagen-Kontroller hatte fünf Stellungen für die Vorwärts-, zwei für die Rückwärtsfahrt und zwei für die elektrische Bremsung. Ein kombiniertes Volt-Ampèremeter informierte über den Stromverbrauch des Wagens und den Ladezustand der Batterie.

Besonders stolz war Hagen auf die Batterie. Sie war vergleichsweise leicht, wog bei einem Zweisitzer bloß 350 kg und ermöglichte eine Fahrt von 100 km Länge und eine Geschwindigkeit von 30 km/h. „Die von mir für meine Wagen benutzte Spezialtype leistet bei fünfstündiger Entladung 34 Wattstunden per kg Zellengewicht inklusive Säure, eine Leistung, welche bisher von keinem anderen Fabrikat erreicht ist", gab der Verkaufsprospekt bekannt. „Durch jahrelange Versuche ist es mir nunmehr gelungen, einen Akkumulator zu konstruieren, der so leicht ist, dass das Gewicht des Wagens nicht nennenswert höher ist als dasjenige eines Benzinwagens. Hierdurch ist der elektrische Wagen befähigt, mit dem Pferdebetrieb zu konkurrieren, und zwar nicht nur für wenig benutzte Equipagen, sondern vor allem auch für einen regelmäßigen und angestrengten Dienst, sei es als Geschäftswagen, sei es als Droschke."

Die Batterien setzten sich aus mehreren Elementen (oder Zellen) zusammen, die in Trögen zusammengefasst wurden. Jedes Element entsprach einer Spannung von zwei Volt, sodass beispielsweise für die damals üblichen 60 bis 80 Volt pro Fahrzeug 30 bis 40 Elemente notwendig waren.

Gottfried Hagen: „Die Batterie liegt bei meinen Wagen vorne teils unter einer Blechhaube, teils unter dem Führersitz, sodass die Wagen nicht den Eindruck von Hippomobilen ohne Pferde machen, sondern sich auch äußerlich als Automobil kennzeichnen."

Die Hagen'sche Linie überzeugte auch die Fachpresse. In einem Bericht über die Internationale Automobil-Ausstellung in Berlin 1907, auf der Gottfried Hagen einen edlen Stand hatte, wird „ein gut aussehendes, rein elektrisch betriebenes Landaulet" vorgestellt. „Die Motorkappe, welche zur Aufnahme der Batterie dient, ist Attrappe. Hierdurch wird ein wesentlich besseres Aussehen der elektrischen Wagen erzielt... Ein Beweis dafür, dass die Form des Benzinautomobils anderen Formen vorgezogen wird."

Kleiner Omnibus von Gottfried Hagen *Foto: Archiv Gottfried Hagen AG*

Anzeige für Urbanus-Wagen *Archiv Immo Mikloweit*

Die Hagen-Angebotspalette reichte vom sportiven Zweisitzer über luxuriöse Kleinbusse bis hin zu rustikalen Lastwagen mit 5 t Nutzlast. Auch kleine Omnibusse für Hotelbetriebe und Ausflugsveranstalter wurden angeboten.

Leider ist nicht überliefert, welche der angebotenen Typen auch tatsächlich und in welcher Auflage gebaut wurden. In den ersten beiden Betriebsjahren fertigten Gottfried Hagens Autowerke 100 Fahrzeuge; während der gesamten Existenz dürften es um die 300 gewesen sein. Die in manchen Quellen genannte Zahl von 1500 Autos ist sicherlich völlig überzogen (1906 lag die Jahresproduktion pro Automobilhersteller bei durchschnittlich 140 Stück; insgesamt stellten die deutschen Manufakturen 4236 Automobile her).

Mitunter werden Gottfried Hagen auch die Fahrzeuge von Rudolf Hagen zugeschlagen – und umgekehrt. Rudolf Hagen, ein Enkel des Firmengründers Franz Josef Hagen, versuchte sich ab 1895 unabhängig mit dem Lastwagenbau. Er verwandte Verbrennungsmotoren und bot neben 2,5 bis 6 t tragenden Lastwagen auch einen Omnibus an. 1903 verkaufte er sein Unternehmen – und sich – an die Helios Electricitäts-AG in Ehrenfeld. Seinen dortigen Direktorenposten musste er zwei Jahre später im Zuge des Konkurses räumen, danach vertrieb er von Berlin aus die schweizerischen Orion-Laster und -Busse.

Stand von Gottfried Hagen auf der Internationalen Automobil-Ausstellung in der großen Ausstellungshalle am Zoologischen Garten, Berlin 1906 *Foto: Archiv Gottfried Hagen AG*

Omnibus für vier Personen von Gottfried Hagen *Foto: Archiv Gottfried Hagen AG*

Hotel-Omnibus von Gottfried Hagen *Foto: Archiv Gottfried Hagen AG*

Plateauwagen bis 2500 kg Nutzlast von Gottfried Hagen *Foto: Archiv Gottfried Hagen AG*

In jenen Tagen konnte Gottfried Hagen seinen Kunden einen umfassenden Service anbieten: In Köln, Berlin und Hamburg unterhielt man eigene Garagen, die Reparaturen und Batterieauswechslungen erledigen konnten, und in elf weiteren Großstädten wurden „Beamte" zur Kundenbetreuung geschickt. Hagen: „Diese Beamten sind angewiesen, die von mir bezogenen Wagen ohne Kosten für die Herren Besitzer derselben zu revidieren, um Beschädigungen der Wagen und Batterien durch fehlerhafte Behandlung nach Möglichkeit vorzubeugen. Diese Beamten stehen den Herren Interessenten auch jederzeit mit Vorschlägen für Einrichtung zweckmäßiger Ladestationen zur Verfügung."

Hilfestellung für den Elektroautomobilisten gab auch eine Schrift des Leiters der Akkumulatorenwerke, Erich Sieg. Er forderte von seinen Kunden einen sauber gehaltenen, gut belüfteten und beleuchteten Raum, in dem die Batterien aufgeladen und gereinigt werden konnten. „Sobald der Wagen von einer Fahrt zurückkehrt, ist die Batterie stets sofort wieder normal aufzuladen, gleichgültig, ob sie ganz entladen war oder teilweise." Außerdem war die Säuredichte zu überprüfen („geeignete Apparate liefern wir zum Preise von 4,- Mk pro Stück"). War sie zu groß, sollte eine Zeit lang nur destilliertes Wasser nachgefüllt werden. War sie zu schwach, musste verdünnte Säure eingegossen werden. War sie unregelmäßig, mussten einzelne Zellen oder die ganze Batterie gereinigt werden. Regelmäßig, etwa alle drei Monate, sollten die Batterien ausgewaschen werden, weil ansonsten der zu Boden schwebende Bleischlamm Kurzschlüsse verursacht hätte. Sieg: „Bei Befolgung dieser Vorschriften wird die Batterie lange Zeit zur Freude ihrer Besitzer arbeiten … Desgleichen empfehlen wir, den Revisoren, die wir gelegentlich zur Prüfung der Batterien entsenden und denen der Zutritt zu Batterie, Kontroller und Ladeeinrichtung gestattet werden muss, eingehend Mitteilung über auch geringfügig erscheinende Vorkommnisse an den Batterien zu machen, da hierdurch vielfach im Entstehen begriffene Schäden ohne nennenswerte Kosten vorgebeugt werden kann."

1909 endete der Automobilbau bei Gottfried Hagen. Er brachte stets Verluste, weil nie eine Serienfertigung bestimmter Typen aufgezogen werden

Landaulet von 1908 aus der Fabrik von Gottfried Hagen *Foto: aus Jahrbuch der Automobil- und Motorboot-Industrie, Berlin 1908/09*

„Das elektrische Pferd" als Vorspannwagen für verschiedene Anhänger *Foto: aus Prospekt Elitewagen AG „Das elektrische Pferd" 1921*

konnte. Vielmehr hatten die wenigen Besteller meist derart viele Sonderwünsche, dass an eine rentable Fabrikation nicht zu denken war.

Im Jahre 1910 beschäftigte Gottfried Hagen 755 Mitarbeiter, davon 395 Arbeiter in Akkumulatoren-, 90 in den Blei- und 80 in den Gummiwerken. Hinzu kamen 104 Angestellte („Beamte") und 86 Mitarbeiter in den Zweigniederlassungen. Als soziale Fürsorgemaßnahmen unterhielt das Unternehmen eine Kantine, eine Badeanstalt mit 18 Wannen und Duschen, ein elektrisches Lichtbad, eine Unterstützungskasse und einen Männergesangsverein.

Das Auslandsgeschäft schien gut zu laufen; man richtete Verkaufsbüros in Brüssel und London sowie eigene Produktionsstätten bei Antwerpen (Bleiprodukte) und Chicago (Batterien) ein. Außerdem vergab man Lizenzen für die Hagen-Akkumulatoren nach Österreich, Italien, Spanien und Russland.

Die Hagen-Akkumulatoren waren als Spitzenprodukte anerkannt und wurden auch von anderen Elektromobilbauern benutzt. Auch um diesen Kunden nicht weiter als Mitbewerber entgegentreten zu müssen, stellte man die Produktion eigener Autos ein.

1917 versuchte Gottfried Hagen einen neuen Anlauf im Elektroautobau. In Berlin beteiligte sich die Hagen-Führungsriege (unter anderen Franz Hagen und Erich Sieg) an der Gründung der Elitewagen Aktiengesellschaft. Deren Grundkapital betrug eine Million Mark. Alleinvorstand wurde der Berliner Paul Muchow. Dieses Unternehmen stellte vor allem Fahrzeuge für den kommunalen Einsatz, beispielsweise Straßenwasch- und Müllfahrzeuge her.

Durch Übernahmen der Berliner Konkurrenten Hentschel & Co und Berliner Elektromobilfabrik (BEF) konnte man gut eingeführte Produkte anbieten, wie etwa die von der Reichspost nachgefragten BEF-Dreiräder oder die Hentschel-Vorspannwagen mit der vielsagenden Bezeichnung „Das elektrische Pferd".

Letzteres war ein Konzept, bei dem ein und dasselbe Antriebselement vor verschiedene Nutzhinterteile gespannt werden konnte.

Unter anderen konnte sich die Stadt Köln für dieses System begeistern: 1913 bestellte sie bei Hentschel & Co das erste „elektrische Pferd", 1926 hatte sie schon eine Flotte aus 19 Exemplaren. Sie wurden vor Kehrmaschinen, Sprengwagen und Transportpritschen gesetzt. Andere Kunden koppelten sie auch mit Omnibussen, Schneepflügen, Müll- und Lieferwagen.

Der Vorspannwagen beinhaltete den elektromotorischen Teil und bestand aus der Partie über der Vorderachse, von der Lenksäule mit der Schneckensteuerung bis zur Blechhaube, „welche in geschmackvoller, geschwungener Form ausgeführt wird" (Elitewagen-Werbung). Darunter lagen Kontroller, Schalttafel und andere elektrische Komponenten. Die beiden Elektromotoren hingen schwingend an den Vorderrädern. Sie leisteten jeweils 4 PS, ausreichend für eine Spitze von 15 km/h.

Der Akkumulator war auf dem Hinterwagen untergebracht, was zum einen für eine gute Lastenverteilung sorgte, zum anderen auch praktisch war. Denn nach jeder Schicht wurde dieser Teil abgekoppelt und mit den verbrauchten Batterien an ein Ladegerät angeschlossen, während das neue Element mit frischem Saft eingeschoben wurde. War zum Beispiel nach einem Sommertag am Abend die Berieselung der staubigen Straßen beendet, konnte der Sprengwagen abgehängt und sein Akku wieder aufgeladen werden, während die Kehrmaschine für den Nachteinsatz eingeschoben wurde. Für das Umspannen waren zwei Männer und wenige Minuten vonnöten. Erst wurde die Hinterachse abgestützt, dann die Spannbolzen gelöst, der Vorspannwagen herausgezogen und mittels eines aufgesetzten Rangierrades fortgerollt.

Hotel-Omnibus mit Vorspannwagen *Foto: aus Prospekt Elitewagen AG „Das elektrische Pferd" 1921*

Wechseltonnensystem Köln: Abfuhrwagen von Muchow bzw. Scheele mit Aufbauten und Anhängern von Peter Bauer 1926

Foto: Archiv Peter Bauer

„Es ist besonders hervorzuheben, dass alle mit unseren Vorspannwagen verbundenen Hinterwagen ein komplettes Ganzes bilden, sodass die Trennmöglichkeit beider dem Uneingeweihten gar nicht zum Bewusstsein kommt“, hieß es im Elitewagen-Prospekt. „Wir haben jedenfalls mit Befriedigung feststellen können, dass die Erwartungen aller Verwaltungen, welche sich unser neues Vorspannsystem bisher zunutze gemacht haben, in reichstem Maße erfüllt worden sind, und so hegen wir die Hoffnung, dass es uns gelungen sein wird, mit unserer Erfindung dem Straßenreinigungsbetriebe einen erheblichen Dienst geleistet zu haben.“ Weiter: „Die wirtschaftliche Überlegenheit des elektrischen Betriebes im Dienste der Straßenreinigung allen anderen Betriebsarten gegenüber ist außer allem Zweifel. Ganz besonders gilt dies bei Verwendung unseres neuen Vorspannsystems. Es gibt keine zweite Betriebsmöglichkeit, welche im Rahmen eines Verwaltungszweiges eine so vielseitige Verwendung und eine so hohe Ausnutzbarkeit garantiert.“ In Köln ersetzten sechs elektrobetriebene 24 von Pferden gezogene Kehrmaschinen.

Elitewagen übernahm noch die Autohersteller Diamant und Richard & Hering, ehe das Unternehmen seinerseits von Opel aufgekauft wurde. Im Zuge dieser Übernahme wurden einige Betriebsteile verkauft, so die Berliner Elektromobilsparte. Sie erwarb der Direktor Paul Muchow unter Beteiligung der Waggon- und Maschinenfabrik vorm. Busch Bautzen. Neuer Name: Muchow & Co.

In Köln landete das neue Unternehmen Muchow 1926 wieder einen Großauftrag. Damals führte die Stadt ein neues Müllsammelprinzip ein, das einen gänzlich neuen automobilen Fuhrpark benötigte. Waren bis dato pferdegezogene Müllwagen vorgefahren, in die der Inhalt der Tonnen geschüttet wurde (Umleersystem), so führte Köln nun das Wechseltonnensystem ein. Das heißt, dass die vollen Tonnen mitgenommen und dafür leere, saubere hinterlassen wurden. Elektrokarren brachten die gefüllten Tonnen zu Umladestationen, die über das ganze Stadtgebiet verteilt waren. Dort wurden die Abfälle auf Großraum-Transporter umgefüllt und zur Deponie oder zur Müllverbrennungsanlage gebracht.

„Es unterliegt wohl keinem Zweifel, dass für die Sammlung und Abfuhr des Mülls bei den kurzen Entfernungen bis zu den Müllumladestationen nur der elektrische Betrieb in Frage kommen konnte, der neben seinen vorteilhaften Eigenschaften sich billiger wie jeder andere Betrieb stellt“, begründete Fuhrparkdirektor Gustav Adolphs die Wahl von Elektrokarren als Abholvehikel. Muchow aus Berlin baute die Fahrgestelle, die Aufbauten-Fabrik Peter Bauer aus Köln-Ehrenfeld setzte die Führerhäuser und Pritschen darauf. Scheele übernahm die Fertigung einiger Chassis.

Jeweils 18 Mülltonnen konnten auf Zugwagen und Anhänger geladen werden. Für den Vortrieb sorgte ein 12-PS-Motor, der das Gespann auf gut 20 km/h brachte.

„Die gelben Kraftwagenzüge, die, wenn auch mit Mülltonnen bis auf den letzten Platz besetzt, geräuschlos und behend durch die Stadt eilen, sind im Straßenbild eine alltägliche Erscheinung geworden", notierte der Kölner Stadt-Anzeiger nach Einführung des Wechseltonnensystems.

Acht Umladestationen wurden gebaut. Hier gab es auch Ladestationen, geliefert von Gottfried Hagen, an denen die Elektrowagen nach getaner Arbeit wieder „aufgetankt" wurden.

Für das neue System kaufte die Stadt 66 Abfuhrwagen mit ebenso vielen Anhängern bei Muchow, Scheele und Bauer. Hinzu kamen 15 benzingetriebene Zugmaschinen von Krupp und NAG, die vor die 46 Großraum-Müllwagen gespannt wurden. Der vordere Anhänger war aufgesattelt und hatte eine lenkbare Hinterachse, der hintere war angekoppelt. „Der Initiative der Firma Peter Bauer ist die ausgeglichene architektonische Gestaltung der Wagen zu verdanken", lobte Direktor Adolphs. „Die Zugmaschinen wie auch die Großraum-Müllwagen wurden ebenfalls mit hellgelber Farbe angestrichen, und durch dieses frische, saubere Aussehen wird das Straßenbild freundlich belebt."

Fast 1,5 Millionen Mark kosteten all diese Automobile, weitere 130 000 Mark die Werkstätten und Batterie-Ladestationen. In die Umladestationen investierte die Stadt circa 630 000 Mark, in die Müllverbrennungsanlage 9,2 Millionen Mark. Die Müllverwertungs- und Verbrennungsanlage wurde in der Nähe des Niehler Hafens nach Plänen der Humboldt-Tochter MUSAG (Müll- und Schlackeverwertungsanlagen AG) errichtet und arbeitet zwischen 1928 und 1933/34 meist mehr schlecht als recht.

Das Wechseltonnensystem war äußerst hygienisch, aber auch sehr aufwändig. Es passte in jene Jahre, in denen die Stadt Köln auf großem Fuße lebte und ehrgeizige Projekte verwirklichte. Doch mit der Weltwirtschaftskrise kam die Ernüchterung, der Rotstift brachte 1935 das Aus für das System. Die Elektrokarren wurden noch bis in die Kriegsjahre für alle möglichen Transportaufgaben genutzt.

Die Fahrzeugfabrik Peter Bauer war damals einer der profiliertesten Anbieter von Kommunalfahrzeugen. Gegründet wurde das Unternehmen 1872 vom Huf- und Wagenschmied Peter Bauer, gefertigt wurden in Ehrenfeld zunächst Pferdekutschen, Handkarren und Wagenräder.

Müllumladestation mit Abfuhrwagen links und Großraum-Müllwagen mit NAG-Zugmaschine 1926 *Foto: Archiv Peter Bauer*

1900 baute man die Karosserie für das erste Auto von August Horch, der seine Werkstatt im gleichen Viertel hatte. Schwerpunkt der Fertigung wurden danach Lkw-Aufbauten und -Anhänger, ab 1924 kamen Omnibusse hinzu. Der Erstling war ein auf einem Büssing-Fahrgestell aufgebautes und edel mit Mahagoni ausgekleidetes Gefährt für die Gemeinde Brauweiler. Bis 1965 baute Peter Bauer rund 2200 Busse. Vor allem die Kölner Verkehrsbetriebe waren ein treuer Kunde, bezogen zwischen 1935 und 1955 praktisch alle Linienbusse von Bauer.

Nach dem Zweiten Weltkrieg prosperierte das Unternehmen, beschäftigte in der Spitze 800 Mitarbeiter. Ende der 1980er-Jahre brach das Nutzfahrzeuggeschäft ein, wichtige Auslandsaufträge platzten. Bauer musste Konkurs anmelden und wurde 1990 von Zeppelin aus Friedrichshafen übernommen. Das Stammwerk wurde abgerissen, zum neuen Standort in Kerpen-Sindorf zogen gerade noch 76 Mitarbeiter um. 1996 schloss Zeppelin den traditionsreichen Betrieb.

Auf den Straßen hatte sich längst das Automobil mit Verbrennungsmotor durchgesetzt. Kupplung und Getriebe funktionierten jetzt einwandfrei, und Mitte der 1910er-Jahre fiel mit dem serienmäßigen Einbau von elektrischen Anlassern auch das mühselige Ankurbeln fort. In der darauffolgenden Dekade begann der Aufbau eines Tankstellennnetzes, das die Benzinversorgung flächendeckend sicherstellte. Für das Elektroauto sprach eigentlich nichts mehr.

Doch die wenigen verbliebenen Elektroautohersteller verbesserten in den 1920er-Jahren ihre Produkte ebenfalls. Man ging ab von den zwei in der Nähe der Räder angeordneten Motoren, die oft durch eine schlechte Abstimmung untereinander oder aber durch die Erschütterungen der Fahrt Schaden nahmen, und baute nur noch einen fest gelagerten und wesentlich stärkeren Motor ein. Man nutzte die im Benzinauto gereiften Differentialgetriebe, um damit auch im Elektromobil die Kraft zu übertragen. Und man verbesserte die Batterien, machte sie wartungsärmer und einheitlicher: 20 Elemente (Spannung 40 V) wurden für kleine, 40 Elemente (80 V) für mittlere und 80 Elemente (160 V) für schwere Fahrzeuge die Regel. Musste man früher alle 4000 km die Batterien auswaschen, so verdoppelte sich dieser Wartungsintervall durch höhere Batteriekästen und größere Abstände zwischen Platten und Böden.

Erster Omnibus von Peter Bauer auf Büssing-Fahrgestell für die Gemeinde Brauweiler 1924 *Foto: Archiv Peter Bauer*

Bergmann Postzustellwagen *Foto: Archiv Bergmann Elektrizitätswerke*

„Der Wagen, der zunächst lediglich für geschäftliche Fahrten in Aussicht genommen war und dafür zweifellos auch ausgereicht hätte, wurde in den meisten Fällen nach einiger Zeit auch für Ausflugsfahrten benutzt", stand 1928 in dem Buch „Das deutsche Automobilwesen". „Damit kam in erhöhtem Maß die Enttäuschung über den zu geringen Fahrbereich, sodass, als die billigen Benzinkleinwagen mit ihrem unbeschränkten Fahrbereich und ihrer bequemeren Sitzanordnung auf dem Markt erschienen, die Nachfrage nach elektrischen Selbstfahrern bald ganz aufhörte."

Elektro-Personenwagen verschwanden, aber elektrische Lieferwagen für den Stadtbereich konnten sich einen beachtlichen Marktanteil erobern. Ihre Lebensdauer war länger (durchschnittlich 15 Jahre), die Unterhaltung billiger und die Bedienung einfacher; ungelernte und damit niedriger entlohnte Arbeiter konnten die Elektrolaster bedienen. Bei geringen Höchstgeschwindigkeiten entfiel oft die Haftpflichtversicherung, und die Kraftfahrzeugsteuer betrug nur den halben Benziner-Satz. Die Unterstellmöglichkeiten waren günstiger zu bauen, da sie nicht den strengen polizeilichen Einrichtungsvorschriften für Benzinautogaragen unterlagen, außerdem waren deren Versicherungsprämien mangels Explosions- und Feuergefahr geringer.

1931/32 gab es 20 000 Elektronutzfahrzeuge in Deutschland, davon 10 000 im öffentlichen Verkehr.

Besonders die Post nutzte die Batteriefahrzeuge zur Zustellung, hatte 1938 genau 2648 Exemplare im Einsatz. Seit den 1920er-Jahren waren die Elektrofahrzeuge im Stadtpostbetrieb eindeutig in der Überzahl. Die Paketwagen waren meist Zweitonner mit Motoren von 30 bis 40 PS, die über Ketten oder Kardanwellen die Hinterräder antrieben. Die Reichweite betrug 60 bis 80 km. Die wichtigsten Hersteller waren Hansa-Lloyd (Bremen), Maschinenfabrik Esslingen, Elitewagen Muchow und Bergmann (beide Berlin).

Nach dem Zweiten Weltkrieg nutzte die Bundespost die überlebenden E-Paketwagen noch jahrelang und beschaffte auch Neufahrzeuge. 1958 beschloss das Postministerium allerdings, nur noch Fahrzeuge mit Verbrennungsmotoren zu kaufen. Fahrzeuge und Batterien waren zu teuer, des Weiteren entfiel die Steuerbegünstigung für Elektroautos. Vor allem aber waren sie zu langsam, wurden im automobilen Wirtschaftswunder als Verkehrshindernis empfunden. Die Stadt Köln forderte deshalb die Post auf, die Brückenauffahrten nicht mehr mit Elektromobilen zu befahren. Der letzte Elektrolaster schied 1973 aus dem bundesdeutschen Postdienst aus.

Gottfried Hagen wurde 1922 in eine Familien-Aktiengesellschaft umgewandelt. Fünf Jahre später hatte man erstmals über 1000 Beschäftigte.

Im Zweiten Weltkrieg war Gottfried Hagen fest in die Rüstungsproduktion eingebunden. Rund 1150 Mitarbeiter plus 350 Zwangsarbeiter produzierten Bleidraht für Geschosse, Gasschutzdecken aus Spezialpapier oder Treibstoffbeutel für U-Boote, vor allem aber Starter-, Telegrafie- und Flugzeugbatterien.

Durch Luftangriffe wurde ab Juli 1943 der Großteil der Kalker Fabrikanlagen zerstört, die Produktion kam im Dezember 1944 zum Erliegen.

„U-Boot-Batterien-Hersteller Hagen vernichtet", vermeldete die britische Presse nach der Zerstörung der Kölner Accumulatoren-Werke. Aber da verwechselten die Briten das Unternehmen Gottfried Hagen mit der Akkumulatoren Fabrik AG (AFA) aus Hagen und der Accumulatorenfabrik Wilhelm Hagen aus Soest. Die nämlich waren die Hersteller von U-Boot-Batterien.

Nach dem Krieg konnte Gottfried Hagen rasch wieder die Kapazitäten aufbauen und Gewinne einfahren. Man unternahm aber keine nennenswerten Entwicklungsanstrengungen auf dem Gebiet der Elektrotraktion, blieb jedoch an der Antriebsart interessiert. Man erwarb einen VW-Elektrotransporter, eine in einer Kleinserie von etwa 160 Stück gebauten Variante des T2.

1977, 150 Jahre nach der Gründung des „Ältesten Akkumulatorenherstellers Deutschlands" (Eigenwerbung), hatte Gottfried Hagen 650 Mitarbeiter – und schrieb rote Zahlen. Das änderte sich nicht mehr, 1983 musste das Unternehmen Konkurs anmelden; 530 Mitarbeiter verloren ihren Job.

Henschel Obus mit Aufbau von Peter Bauer vor dem Hauptgebäude der Universität 1952 *Foto: Historische Straßenbahn Köln*

Nach einer Zwischennutzung durch kleinere Betriebe, Vereine und Künstler wurden die meisten der 46 Hagen-Gebäude abgerissen und das kontaminierte Erdreich ausgetauscht. Nur drei alte Bauten blieben erhalten, ansonsten wurden Neubauten, vor allem für Existenzgründer der Biotechnik, hochgezogen.

Auch von der Konkurrenz ist – außer den Marken – nicht viel übrig geblieben. 1984 kaufte das US-Unternehmen Exide die Batterienhersteller Wilhelm Hagen, Sonnenschein und DETA. Die AFA gab sich 1962 den neuen Namen VARTA (= Vertrieb, Aufladung, Reparatur transportabler Akkumulatoren) und wurde ab 2002 zerschlagen. Die wichtigsten Bereiche gingen an Johnson Controls sowie Rayovac aus den USA. Einzig Hoppeke aus dem Sauerland hat überlebt.

Damit ist eine Schlüsseltechnologie für die Elektromobilität außer Landes gegangen. Wer heute Elektroautos bauen will, muss sich vor allem in Japan und Südkorea nach geeigneten Akkus umsehen.

Eine auch in Köln angewandte Form der Elektrotraktion war der O-Busbetrieb. Schon 1940 sollten Oberleitungsbusse ihren Betrieb aufnehmen, um die Internationale Verkehrsausstellung (IVA) in Deutz mit anderen rechtsrheinischen Vororten zu verbinden. Der Kriegsbeginn verhinderte sowohl IVA als auch O-Bus.

Zehn Jahre später legten die städtischen Verkehrsbetriebe dann doch einen Bus an die Leine: ab 6. November 1950 verkehrte die Linie 36 vom Rudolfplatz nach Hohenlind elektrisch. Eine halbe Million D-Mark hatten die Bahnen der Stadt Köln (ab November 1950 Kölner Verkehrs-Betriebe, KVB) dafür bereitgestellt, und zwar 300 000 DM für die Fahrzeuge und 200 000 DM für Fahrleitung und Stromversorgung.

Weitere 900 000 DM sollten in den folgenden Jahren investiert werden, um ein die Straßenbahn ergänzendes O-Busnetz aufzubauen. Vorgesehen war die Verlängerung der Stammstrecke vom Rudolfplatz über Neumarkt und Heumarkt auf die rechte Rheinseite, eine Nord-Süd-Linie zwischen Ebert- und Chlodwigplatz sowie Querverbindungen zwischen einigen Vororten.

Zur Erstausstattung der Trolleylinie 36 gehörten vier Busse mit Henschel-Antriebstechnik, Kiepe-Elektroausrüstung und Bauer-Aufbauten. Hinzu kamen drei Anhänger von Peter Bauer. Sowohl Busse als auch Anhänger hatten einen hinteren Einstieg mit Schaffnerplatz und eine vordere Ausstiegstür („Fahrgastfluss").

Die Linie 36 wurde 1951 zum zentralen Neumarkt verlängert, zudem wurde ein Abzweig zur Universität geschaffen. In deren Auditorium fanden die Städtischen Bühnen ihr Ausweichquartier, weshalb der 36er gern auch als „Theaterbus" bezeichnet wurde. Stationiert waren die O-Buszüge im Straßenbahndepot Sülz.

1952 und 1955 wurde die Flotte um zwei Henschel-Kässbohrer-Fahrzeuge und um einen Henschel-Uerdingen ÜHIIIs ergänzt. Letzterer war ein zuvor in Mexiko Stadt eingesetztes Vorführmodell der Hersteller, das dort aber keinen Gefallen fand. Peter Bauer lieferte noch zwei weitere Anhänger.

Am 16. März 1959 wurde der Oberleitungsverkehr in Köln eingestellt. Gründe dafür waren geplante Straßenbaumaßnahmen im Verlauf der Strecke, die aufwändige Umleitungen zur Folge gehabt hätten. Überdies standen große Investitionen an, etwa für die Überholung der Fahrleitung und die Anschaffung weiterer Fahrzeuge. Ergänzungen im Fuhrpark wären notwendig geworden, um die Linie sinnvoll verlängern zu können und um Kapazitätsprobleme als Folge des absehbaren Verbots von Omnibusanhängern ausgleichen zu können.

Der O-Bus hatte es gegenüber den von der Stange lieferbaren Dieselkollegen immer schwer, seine Blütezeit war schnell vorbei. Mitte der 1950er-Jahre gab es 67 O-Busbetriebe in Deutschland, heute (2016) sind es noch drei (Solingen, Esslingen, Eberswalde). 1962 schließlich stellte Henschel als letzter Komplettlieferant seine Produktion ein.

Der Kölner ÜHIIIs fuhr noch bis 1970 in Duisburg-Ruhrort und Rheydt. Der Rest der Flotte ging nach Offenbach, wo allein die beiden Henschel-Kässbohrer bis 1963 eingesetzt wurden. Das Ursprungs-Quartett wurde als Ersatzteilspender ausgeschlachtet.

Genau fünfzig Jahre dauerte der Dornröschenschlaf der Elektrotraktion in Köln. Dann küsste der „Nationale Plan für Elektromobilität" der Bundesregierung potenzielle Hersteller und Einsetzer wach. Eine Million E-Autos im Jahr 2020 war die Zielvorgabe, ausgelobt wurden für die Mitstreiter fast 400 Millionen Euro Fördergelder.

In Köln tat sich der lokale Energieversorger Rheinenergie mit dem Autobauer Ford zusammen und startete 2010 das Projekt „colognE-mobil". Etwa 60 Elektrofahrzeuge auf Ford-Basis wurden eingesetzt, eine Infrastruktur von 120 Ladestationen aufgebaut. Anfangs lag der Schwerpunkt auf innerstädtischen Lieferverkehren mit Transit- und Transit-Connect-Fahrzeugen (in England von Smith Electric Vehicles gebaut und als Typen Edison bzw. Ampère vermarktet), dann folgten größere Mengen an elektrischen Focus und C-Max. Sie wurden unter anderem auf dem Flughafen Köln/Bonn, beim Car-Sharing-Unternehmen Flinkster oder dem Taxiruf Köln eingesetzt. Das Modellprojekt „colognE-mobil" endete am 31. Dezember 2015.

Henschel O-bus mit Anhänger im Betriebshof Sülz 1951, beide mit Aufbauten von Peter Bauer
Foto: Kölner Verkehrs-Betriebe AG

Ford Transit Connect in Köln im Einsatz von 2010 bis 2015

Foto: Ford Werke Köln

Die Kölner Verkehrs-Betriebe reihten ab 2011 zwei MAN Lion's City Hybrid in ihre Linie 146 (Neumarkt–Deckstein) ein. Diese Busse besitzen serienmäßige Common-Rail-Dieselmotoren, die einen Hochleistungsgenerator antreiben. Dieser liefert die Energie an zwei elektrische Fahrmotoren oder ein Ultracap-Speichersystem auf dem Dach. Dieses System soll Kraftstoffverbrauch und Kohlenstoffdioxidausstoß um jeweils ein Viertel senken. An Haltestellen ist ein rein elektrisches Anfahren möglich, was unmittelbar dort Wohnende und Wartende vor Lärm und Abgasen bewahrt.

Einen noch größeren Schritt wagt die KVB 2017. Dann soll die Linie 133 vom Breslauer Platz (Rückseite Hauptbahnhof) bis Zollstock (Südfriedhof) nur von Elektrobussen befahren werden. Bestellt wurden dafür acht VDL-Gelenkbusse Citea SLFA Electric. An den Endhaltestellen werden die Batterien an Ladeterminals kräftig nachbetankt, nachts werden sie dann langsam völlig aufgeladen. Sechs Millionen Euro kostet dieses Projekt, zwei Millionen schießt das Land Nordrhein-Westfalen hinzu. Der Stückpreis des VDL-Elektrobusses beträgt 700 000 Euro – ein vergleichbarer Dieselbus kostet 300 000 Euro.

In den Nachbarstädten Brühl und Hürth probiert man es mit Wasserstoff. „Der Energieträger der Zukunft" steht auf den bisher vier eingesetzten Bussen, je zwei APTS Phileas und Van Hool NLW A330 FC des Regionalverkehr Köln (RVK). Bei dieser Technik reagiert Wasserstoff in einer Brennstoffzelle mit dem Sauerstoff der Luft. Dabei entsteht Strom, der die elektrischen Antriebsmotoren antreibt oder in einer Batterie auf dem Dach zwischengelagert wird. Ausgestoßen wird lediglich Wasserdampf.

Sinnvoll ist der Einsatz von Wasserstoff beim RVK, weil in einer chemischen Fabrik in Hürth als Nebenprodukt Wasserstoff entsteht. Früher wurde er abgefackelt, jetzt in die Busse gefüllt. Für die KVB bietet sich dagegen die Batterielösung an, weil man zum gleichen Konzern wie Rheinenergie gehört. Die liefert gerne – und mit Rabatt – an die Schwester.

„Sobald einmal ein leichter Akkumulator von großer Kapazität gefunden sein wird, haben alle Wagen, welche durch eine andere Kraft wie die elektrische betätigt sind, zu existieren aufgehört", schrieb 1900 der Fachautor Louis Baudry de Saunier. „Der Benzinwagen verdankt seinen Erfolg nur der großen Leichtigkeit seiner Wiederverproviantierung und der enormen, in einem Liter Benzin ruhenden Kraft. Als welch barbarisches Fahrzeug würde er jedoch neben einem so einfachen und eleganten Gefährte wie das Elektromobil erscheinen, wenn dieses mit einem Schlage die ‚lange Fahrt' antreten und über genügende Kräfte verfügen könnte, um seine Herrschaft auch außerhalb der großen Städte, deren Souverain es bereits ist, einzuführen!"

Quellen

Archive:

- Historisches Archiv der Stadt Köln (Erste Omnibuslinie, Feuerwehr)
- Rheinisch-Westfälisches Wirtschaftsarchiv zu Köln (Gottfried Hagen)
- Berufsfeuerwehr der Stadt Köln
- Historische Straßenbahn Köln (O-Bus)
- Kölner Historisches Kraftfahrzeug-Bildarchiv Immo Mikloweit

- Kölner Stadt-Anzeiger
- Kölnische Rundschau
- Autotechnikus: Autokauf, R. C. Schmidt Berlin 1908, Reprint, Leipzig 1989
- Hans C. Graf von Seherr-Thoss: Die deutsche Automobilindustrie, Eine Dokumentation von 1886 bis 1979, Stuttgart 1979

Geschäftsberichte:

- Allgemeine Betriebs-Akt. Ges. für Motorfahrzeuge (ABAM)
- Ernst Heinrich Geist Electricitäts-AG
- Gottfried Hagen AG

- Johannes B. Scherer: 1827–1952, Das Unternehmen der Firma Gottfried Hagen Köln-Kalk im Wandel der Zeiten, Köln o.J.
- Erich Sieg: Über Accumulatoren und die richtige Behandlung derselben, Kalk 1906
- Gottfried Hagen, Abteilung Automobil-Werke, Kalk bei Köln, Katalog 1906 (Reproduktion)
- Erwin Maderholz: Elektrofahrzeuge im Postdienst, in: Archiv für deutsche Postgeschichte 2/1981, Frankfurt/Main
- G. Adolphs: Der städtische Fuhrpark und seine Betriebe in Köln am Rhein, Feudingen o.J. 58
- Prospekt Elitewagen AG: Das elektrische Pferd, Berlin 1921, Reprint Viersen o.J.
- Stefan Pohl: 111 Jahre Abfallwirtschaft Köln, Köln 2001

Jürgen Wolter

Die Batteriebusse der Gesellschaft für elektrischen Straßenverkehr

„Welturauffahrt" nannte sich der Betriebsbeginn der ersten Linie mit batteriebetriebenen Omnibussen. Blasmusik spielte auf, und die Busse waren festlich geschmückt, als es am 15. Oktober 1974 in Mönchengladbach losging. Es sollte ein auf vier Jahre befristeter Versuch werden, der aber letztendlich zehn Jahre länger dauerte und wertvolle Erkenntnisse zur Praxistauglichkeit dieses Antriebs brachte.

Treibende Kraft hinter diesem Einsatzversuch war das Rheinisch-Westfälische Elektrizitätswerk (RWE). Das war auf der Suche nach neuen Absatzmärkten für seinen Strom, vorwiegend in der nächtlichen Schwachlastzeit. Man wollte das Prinzip der Nachtspeicherheizung auf den Automobilismus übertragen: Nachts wird die Batterie eines Elektroautos preiswert aufgeladen, tagsüber wird sie im Straßenverkehr leergefahren. Damit das Auto das Tagwerk auch schafft, sollte ein zweiter aufgeladener Akku vorgehalten werden, der schnell gegen einen verbrauchten ausgetauscht werden konnte.

Ende der 1960er-Jahre befasste sich RWE intensiv mit diesem Thema und stellte im Februar 1970 das erste Fahrzeug vor: einen elektrisch angetriebenen Linienbus auf Basis des MAN-Metrobusses 750 HO. Die Hinterachse wurde angetrieben von einem Gleichstrom-Nebenschlussmotor von Bosch, die

Großer Auftritt für den MAN-Batteriebus: im Olympischen Dorf München 1972 *Foto: MAN, Historisches Archiv*

Versuchsmuster MAN Metrobus 750 mit Elektroantrieb, 1970 *Foto: Historisches Konzernarchiv RWE*

Energie kam aus einer in einem Anhänger mitgeführten Blei-Säure-Batterie von VARTA; diese wog 4,1 t. Durch die Anhängerlösung blieben Erscheinung und Kapazität des MAN-Busses unverändert gegenüber der Diesel-Serienversion.

Im Dezember 1970 gründete RWE ein eigenes Tochterunternehmen für die Elektromobilaktivitäten: die Gesellschaft für elektrischen Straßenverkehr (GES). Auf einer aufwändigen Pressekonferenz auf Schloss Hugenpoet in Essen-Kettwig stellte sich die GES im April 1971 vor. Mitgebracht hatte sie den MAN-Batteriebus und einen von Messerschmitt-Bölkow-Blohm (MBB) entwickelten Kunststoff-Transporter, dessen künftige Entwicklung man ebenfalls steuern wollte. Der verbreitete Optimismus war groß, bis 1980 wollte man eine Million elektrische Fahrzeuge auf Deutschlands Straßen sehen. Das Auto sollte zu einem der wichtigsten Stromverbraucher in Haushalt und Betrieb werden.

Dazu stieß die GES nicht nur Fahrzeugentwicklungen an, sondern bemühte sich auch um die Verbesserungen der Rahmenbedingungen. So erreichte sie im Februar 1972, dass es eine Ausnahmeregelung von der ansonsten üblichen Besteuerung nach dem Gesamtgewicht – bei der Elektrofahrzeuge mit ihrer schweren Batterie ein dickes Handikap hatten – gab. Und sie sorgte dafür, dass im Mai 1973 der zuvor noch notwendige Elektroführerschein abgeschafft wurde.

Der MAN-Bus wurde zwischen 1971 und 1975 erprobt, zumeist bei der RWE-Beteiligungsgesellschaft Koblenzer Elektrizitätswerk und Verkehrs-AG (KEVAG). Er fuhr auf der Linie 9 vom Koblenzer Hauptbahnhof nach Vallendar, außerdem wurde er ein paar Wochen bei der Rheinbahn in Düsseldorf und bei den Olympischen Spielen in München eingesetzt. Dort begleiteten auch zwei GES/MBB-Transporter die Marathonläufer – leise, abgasfrei und publikumswirksam.

Die Versuche mit dem E-Metrobus zeigten, dass die Integration in eine bestehende Linie möglich ist, dass aber die Batteriekapazität und damit die Reichweite nicht ausreichend waren.

Das Konzept wurde weiterentwickelt und in einem großen Umfang, mit insgesamt 22 Bussen, ab 1974 ausprobiert. Als Grundfahrzeug diente der erfolgreiche MAN-Standardlinienbus SL 200, der nun entweder von einem Bosch-Nebenschluss- oder einem Siemens-Reihenschlussmotor an der Hinterachse angetrieben wurde. Anstelle des Dieselmotors befand sich hinter der Heckklappe die komplexe Antriebssteuerung sowie die Luftpresseranlage. Auf dem Anhänger, gebaut von Peter Bauer aus Köln, befand sich ein Trog mit einer 180-Zellen-Batterie von VARTA. Der Anhänger wog 7,3 t, davon entfielen 6,1 t auf den Akku.

Zur Infrastruktur gehörten Lade- und Wechselstationen, an denen die Batterien schnell und automatisch ausgetauscht werden sollten. Der Busfahrer musste eine Bedienungstafel ausklappen, woraufhin sich ein Lift mit drei übereinander liegenden Batterieladetischen öffnete. Ein Greifer zog den verbrauchten Akku vom Anhänger auf den leeren Tisch und schob anschließend einen vollen auf den Hänger. Nach fünf Minuten sollte die Fahrt weitergehen.

Im Oktober 1974 nahmen die ersten Batteriebusse ihre Arbeit auf der Linie 9 zwischen Mönchengladbach-Ohlerfeld und Süchteln auf. Diese 20 km lange Linie führte sowohl durch die belebte Fußgängerzone von Mönchengladbach als auch über Land. Eine Lade- und Wechselstation befand sich an der Endhaltestelle Ohlerfeld, die Fahrzeugwartung wurde im Betriebshof Erftstraße (3 km entfernt) und die Batteriepflege im Betriebshof Wattstraße (7 km) erledigt.

Der Betrieb Versorgung & Verkehr (V&V) erhielt neun der nun MAN SL-E genannten Busse. Sie erhielten die sogenannte VÖV-Front (Verband Öffentlicher Verkehrsbetriebe; horizontal gebogene Windschutzscheibe).

Im April 1975 startete auch in Düsseldorf der Versuch mit den Elektrobussen. Die Rheinische Bahngesellschaft (Rheinbahn) bekam insgesamt 13 MAN SL-E, diesmal versehen mit der StÜLB-Front (Standard-Überlandbus; an den Seiten vertikal gebogene Scheibe). Sie wurden eingesetzt auf der 11 km langen Rundlinie 39 (später 779) zwischen den Bahnhöfen Benrath und Garath. Im nur 700 m vom Bahnhof Benrath entfernten Betriebshof wurden drei Batteriewechsel- und -ladestationen aufgebaut, dort wurden auch alle Wartungsarbeiten durchgeführt. Eine Batterieladung reichte für eine Fahrzeit von vier Stunden, und so fuhren die Busse nach jeder vierten Tour zum Betriebshof und tauschten die Speicher aus. Rund vier Stunden dauerte deren volle Aufladung.

„Die Elektrobusse werden von den Fahrgästen gut angenommen", hieß es in einem Rheinbahn-Erfahrungsbericht vom September 1975. „Es soll sogar vor-

Kleinserienmodell MAN SL-E, 1974

Foto: MAN, Historisches Archiv

kommen, dass Fahrgäste einen Dieselbus zugunsten eines später folgenden Elektrobusses fahren lassen." Und: „Die Fahrer fahren diese Wagen gerne und sind nach Dienstende weniger physisch beansprucht als im Betrieb mit Dieselbussen. Das liegt an den viel geringeren Vibrationserscheinungen des Elektrobusses."

Aber: Im praktischen Betrieb gab es jede Menge technische Probleme. Ein zur gleichen Zeit verfasster GES-Bericht spricht von genau 531 Störungen im ersten Halbjahr allein in Düsseldorf: davon entfielen 54 auf den Antrieb, 29 auf den Anhänger und 338 (80 Prozent!) auf die Batterie.

Die Batterien waren zum Beispiel mit einem zentralen System zum Sammeln und Ableiten des Gases ausgestattet, das zwar funktionierte, aber auch Explosionen in einzelnen Zellen auslösen und in andere Zellen weitertragen konnte. Die aggressive Atmosphäre in und um den Akku sorgte zudem für Materialprobleme bei Stopfen, Kühlschlangen und Trögen. Von den 34 angeschafften Batterien fehlten damals 13 Stück, weil sie in Reparatur waren. 51,5 Monate betrug ihre Ausfallzeit. Dementsprechend mussten einige Busse zeitweise stillgelegt werden.

Dabei nahm man bevorzugt die mit der Siemens-Reihenschlussmaschine bestückten Busse außer Betrieb, weil sich schnell ihr schlechter Wirkungsgrad und damit hoher Energieverbrauch offenbarte. So attestierten sowohl GES als auch Siemens dem Reihenschlussmotor, dass er für den Omnibus ungeeignet sei. Siemens investierte nichts mehr in seine Verbesserung und hielt Ersatzteile nur unzureichend vor. So betrug die Lieferzeit für die Drossel ein Jahr!

Aber auch bei den Bosch-Maschinen und ihrer Steuerung gab es Schwierigkeiten, etwa mit dem Kühlsystem der Elektronik und dem Sicherungssystem zur Notabschaltung des Antriebs. Generell mussten die Wartungsintervalle für die verschiedenen Motoren halbiert werden, unter anderem, weil die Bürsten viel häufiger als erwartet gewechselt werden mussten.

Die Arbeiten an den elektrischen Komponenten konnten die Mechaniker der Rheinbahn oft nicht ausführen, weil ihnen Wissen, Hilfsmittel und Diagnoseanlagen fehlten. Stattdessen mussten besonders ausgebildete Spezialisten der GES eingestellt werden.

Obwohl man es vom O-Busbau hätte wissen müssen, dass wegen der hohen Drehmomente und der elektrischen Bremse eine äußerst robuste Antriebsachse notwendig ist, verwendete man beim MAN SL-E die serienmäßige Antriebsachse des Dieselmusters. Die hielt den Belastungen nicht stand und verursachte überdies einen hohen Reifenverschleiß. Die Pneus an der Hinterachse hielten gerade mal 20 000 km, drei- bis viermal weniger als diejenigen eines Dieselbusses. Und auch die Bereifung des Anhängers schaffte bloß 35 000 km.

Außerdem war die Bremswirkung auf den Anhänger mäßig, sodass er zum Ausbrechen neigte. Die Gangbarkeit der beweglichen Bereiche und des Verriegelungsmechanismus litten unter Schmutz, die Busfahrer waren mit dem Austausch der Batterien überfordert. So musste man auch die Wechselstationen mit Fachpersonal der GES besetzen.

„Zur Zeit werden die Modellversuche, deren wesentlichstes Ziel die Erprobung und das Zusammenspiel der Versorgungskomponenten mit den Fahrzeugen war, immer noch durch eine Vielzahl von Störungen beeinträchtigt", sagte ein GES-Bericht. Er benannte zahlreiche Grundsatzfehler und empfahl statt provisorischer Lösungen ein umfassendes Umbauprogramm. Fast drei Millionen DM wurden dafür veranschlagt.

Die Anteile: ■ 1 806 000 DM für die elektrischen Komponenten des Busses. Größter Posten war der Ersatz der untauglichen Reihenschlussmaschine und deren Regelung (900 000 DM), eine neue Steuerung für die Bosch-Antriebe (350 000 DM) und Diagnose- und Prüfgeräte für alle Busse (150 000 DM).

■ 624 000 DM für den Energiespeicher, vor allem für ein aufgeteiltes Gassammelsystem (166 000 DM), selbstregelnde Nachfüllstopfen (102 000 DM) und Batterieschutzschalter gegen Übertemperatur, Kurzschluss, Überladung und Tiefentladung (74 000 DM).

■ 275 000 DM für die konventionelle Bustechnik, zum Beispiel die Umrüstung der Antriebs- und Anhängerachsen auf andere Reifentypen (106 000 DM), Verbesserung der Hinterachse (36 000 DM) und Optimierung der dieselgespeisten Heizung (31 000 DM).

■ 119 000 DM für die Versorgungseinrichtung, und zwar vor allem für Kondensatoren hoher Spannungsfestigkeit für die Kompensationsanlagen (60 000 DM).

Bis Mitte 1978 wurden diese Verbesserungen umgesetzt.

Angesichts dieser Investitionen wurde das Versuchsprogramm weitergeführt. Sein Ende wurde nun auf den 31. Dezember 1981 (Mönchengladbach) bzw. den 30. Juni 1982 (Düsseldorf) terminiert.

Bei der Berechnung der Wirtschaftlichkeit zeigte es sich, dass die Elektrobusse weniger verbrauchten als ihre Dieselkollegen (umgerechnet 36,8 l/100 km zu 40 l/100 km), aber die aufwändige Wartung und die kurze Lebenszeit der teuren Batterie verhagelte von Anfang an jede Bilanz.

Positiv vermerkt wurde das Fehlen von Emissionen, während sich die vermeintliche Lärmarmut allenfalls beim Vorbeifahren zeigte. „Die Geräuschentwicklung des E-Busses ist nur unwesentlich geringer als bei einem vergleichbaren Dieselbus“, stand in dem zuvor erwähnten GES-Bericht. „Durch das fehlende Geräusch des Dieselmotors werden Nebengeräusche, zum Beispiel Luftpresseranlage, als besonders störend empfunden, da diese sonst vom Dieselmotor überspielt werden.“

Ab 1980 versuchte man, mit Hilfe von kurzzeitigen Zwischenladungen die Reichweite der Busse zu vergrößern. Dazu wurde ein Bus mit einem Kontaktarm ausgestattet und auf dem Betriebshof Benrath ein Lademast aufgestellt. Mittels eines Automatischen Ankopplungverfahrens (AAV) fädelte sich der Stromabnehmer in den Einlauftrichter des Mastes ein und bezog dann für etwa zehn Minuten frische Energie.

MAN SL-E-Prospekt von 1976

Zwei Jahre wurde dieser Bus getestet – und machte Mut. Das führte zu einer völlig neuen Konzeption des gesamten Betriebs: Die Batterien wurden während des Einsatzes an der Endstation Benrath mit hohen Strömen (400 A) aufgefrischt, nachts wurden sie im Betriebshof mit geringen Strömen (15 A) aufgeladen. Es waren keine Lade- und Wechselstationen mehr nötig, es genügten stationäre Ladegeräte im Betriebshof.

Neben der Aufstellung von Lademasten war der Einbau von Kontaktarmen auf den Bussen notwendig, ebenso die Installation eines Klimageräts auf dem Batterietrog. Das sollte die hohe Temperatur während der Zwischenladung absenken, und es konnte überdies noch zum Heizen des Fahrgastraums genutzt werden.

Nach dem Ende des Mönchengladbacher Versuchs wurden alle Busse in Düsseldorf zusammengezogen. 18 von ihnen erhielten die Kontaktarme, zwei nicht, weil sie nur in den Verkehrsspitzen eingesetzt werden sollten. Zwei weitere MAN SL-E schieden aus dem Linienbetrieb aus und gingen an die GES.

Um auch Erfahrung im Überlandverkehr zu sammeln, setzte die Rheinbahn die Elektrobusse nun auch auf den Linien 788 nach Monheim (14 km) und 783 nach Solingen-Ohligs (11 km) ein. Partner der GES war auf Einsetzerseite die Rheinbahn-Tochter Rheinconsult.

Die AAV-Technik erwies sich als Erfolg. Die Lebensdauer der Batterien stieg gegenüber der Wechseltechnik-Zeit auf das Doppelte (von 65 000 auf 130 00 km), der Wartungsaufwand sank um die Hälfte (von 152 Std/pa auf 78 Std/pa). Durch die ständigen Zwischenladungen kam der Akkumulator nicht mehr in die Gasungsphase und brauchte seltener mit Wasser aufgefüllt werden. Auch der netzseitige Stromverbrauch sank um zehn Prozent. Überdies sprachen die Fahrer von einer verbesserten Fahrdynamik.

So wurde das Projekt erneut verlängert: bis zum 31. Dezember 1985. Allerdings wurden 1983 sechs und 1985 vier Busse ausgemustert, vor allem wegen Rostschäden oder dem Erreichen der Altersgrenze der Batterie.

Der erste MAN SL-E erreichte im November 1984 eine Kilometerleistung von über 500 000. In 9,5 Jahren Linieneinsatz lief er 383 112 km in der Wechseltechnik-Phase und 116 888 km in der AAV-Zeit.

Auch nach dem offiziellen Projektende benutzte die Rheinbahn die verbliebenen Busse auf der Linie

Mönchengladbach, 15. Oktober 1974: Feierliche Eröffnung der ersten batterieelektrischen Buslinie *Foto: Historisches Konzernarchiv RWE*

779 noch solange, bis bei einzelnen Fahrzeugen größere Schäden auftraten. Der letzte Bus wurde am 7. September 1988 außer Dienst gestellt.

In einer letzten Bilanz, nach 10,5 Millionen km, mäkelte die Rheinbahn zwar nicht mehr über technische Probleme, errechnete aber ernüchternde Betriebskosten: der Elektrobus mit Kurzzeitzwischenladung kostete 3,20 DM/km, der Dieselwagen nur 1,70 DM/km. Schuld daran waren vor allem die Batterie und ihre Unterhaltung, die allein mit 1,60 DM/km zu Buche schlug.

„Die Ergebnisse des MAN-Batteriebusversuchs sind so positiv, dass erste Überlegungen für ein optimiertes Nachfolgesystem bereits Gestalt angenommen haben", vermeldete die GES im Juni 1985. Sie ging davon aus, dass die damals entwickelte Natrium-Schwefel-Batterie bald serienreif sei und die Probleme des Blei-Säure-Akkus vergessen machen könne. Sie sollte bei einem Nachfolger Platz innerhalb des Busses finden. Diese damals von BBC (später ABB) ausgetüftelte Technologie bereitete aber so viele praktische Probleme, dass die Entwicklung sang- und klanglos eingestellt wurde.

Die GES wurde im Sommer 1985 aufgelöst. Der RWE-Vorstand schrieb am 27. Juni 1985 an seine Direktoren: „Die im Jahre 1970 gegründete Gesellschaft für elektrischen Straßenverkehr ... hat die ihr gestellten Aufgaben weitgehend gelöst. Die breit

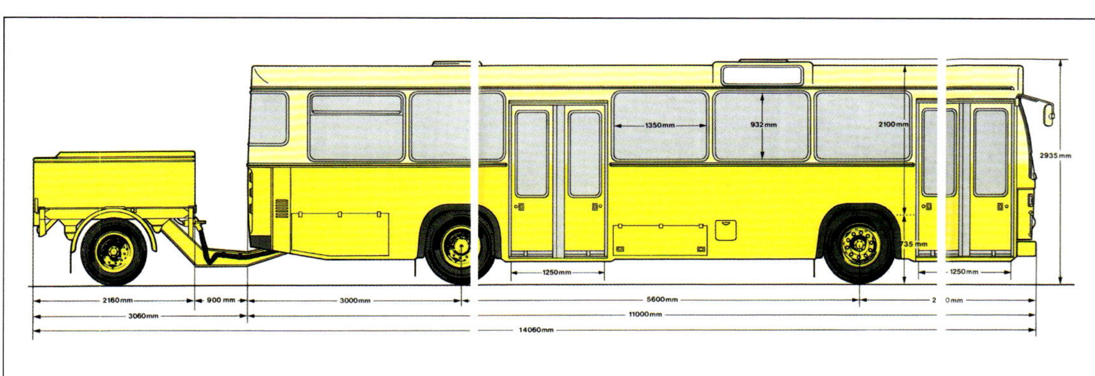

Rheinbahn-Elektrobus kurz nach der Auslieferung 1975. Die Düsseldorfer Busse hatten die StÜLB-Front *Foto: Rheinbahn-Archiv*

angelegten Modellversuche stehen vor dem Abschluss und haben zu Ergebnissen geführt, die weltweit Anerkennung finden." Die noch bestehenden Verpflichtungen der GES, insbesondere hinsichtlich der Betreuung noch im Einsatz stehender Elektromobile, übernahm die RWE-Arbeitsgruppe Elektrische Straßenfahrzeuge.

Die GES hat neben den MAN-Batteriebussen noch eine Reihe von Transportern, Personenwagen und Hybridbussen auf die Räder gestellt. Sie übernahm auch Projekte, die ursprünglich von anderen Unternehmen initiiert wurden. So stieg man 1974 bei dem Hybridbus ein, den ursprünglich Daimler-Benz in Eigenregie entwickelt und 1969 präsentiert hatte. Unter GES-Leitung wurden 20 Hybride auf Basis des OE 302 in Stuttgart (1979–1984) und Wesel (1979–1985) erprobt.

Daneben wurden ab 1974 verschiedene Volkswagen- und Daimler-Benz-Transporter batterieelektrisch umgerüstet und in Kleinserien produziert. Schließlich kamen mit dem VW Golf City-STROMer und dem Pöhlmann EL noch Personenwagen hinzu.

Insgesamt wurden unter Federführung der GES etwa 300 Elektromobile gebaut und produziert – womit die prognostizierte eine Million klar verfehlt wurde.

Quellen
- Historisches Konzernarchiv RWE (HK RWE 11104, 11140–11143, 11153–11162, 11174–11175)
- MAN Truck & Bus, Historisches Archiv
- Arbeitsgemeinschaft historischer Nahverkehr Düsseldorf (Linie D)
- Prospekte von RWE, GES, VARTA

Neue Kraft in zehn Minuten: Zwischenladung am Bahnhof Benrath, ab 1982

Foto: Hans Männel

Ab 1982 wurden die Batterieanhänger mit einem Klimagerät zur Absenkung der Temperatur bei der Zwischenladung ausgerüstet

Foto: Hans Männel

Nachgerüsteter Rheinbahn-MAN SL-E mit Stromabnehmer zur Zwischenladung
Foto: Hans Männel

Ab 1983 setzte die Rheinbahn ihre Elektrobusse auch auf der Überlandlinie 11 nach Solingen-Ohligs ein
Foto: Sammlung Linie D

Batteriebus 9063 hat überlebt und gehört – museal nicht aufgearbeitet und fahruntüchtig – dem historischen Wagenpark der Rheinbahn an
Foto: Wolfgang Sievers

Batterie-Wechsel- und Ladestation in Mönchengladbach, 1974
Foto: MAN, Historisches Archiv

In fünf Minuten sollte ein Busfahrer die Batterie wechseln können – doch das schaffte fast niemand
Foto: Historisches Konzernarchiv RWE

Die über 6 t schwere Batterie war die Achillesferse des MAN-Elektrobusses
Foto: VARTA

Holger Werner

Wegmann-Akkumulatoren-Omnibus

Auf der Internationalen Automobil Ausstellung (IAA) in Frankfurt im Jahre 1951 präsentierte die Kasseler Waggonbaufirma Wegmann & Co. dem Fachpublikum einen Omnibustyp, der elektrisch angetrieben wurde, aber kein Oberleitungsomnibus war. Es handelte sich um einen Akkumulatoren-Omnibus, ein Fahrzeug, das seine elektrische Energie aus Batterien bezieht.

Unter der Leitung von Dr. Fritz Bode (Mitinhaber der Firma Wegmann) wurde dieser Omnibustyp ab1950 entworfen und entwickelt.

Was veranlasste die Firma Wegmann zu diesem Schritt? Es wurden vier Hauptgründe als Vorteile für dieses Fahrzeug genannt:

a) es werden keine Schienen für neue Straßenbahnstrecken benötigt; auch entfallen die Kosten, die bei Straßenbahnstrecken den Verkehrsunternehmen entstehen, falls diese erneuert werden müssen;

b) es entfallen die Kosten für die Infrastruktur eines Schienen- oder Oberleitungsomnibusbetriebes;

c) die junge und noch nicht so finanzstarke Bundesrepublik muss nicht für teure Devisen Rohöl bzw. Rohölprodukte aus dem Ausland einkaufen.

d) das Fahrzeug ist flexibel einsetzbar und erzeugt keine Emissionen.

Offizielles Werbefoto der Firma Wegmann auf der IAA 1951

Wegmann-Archiv, Kassel

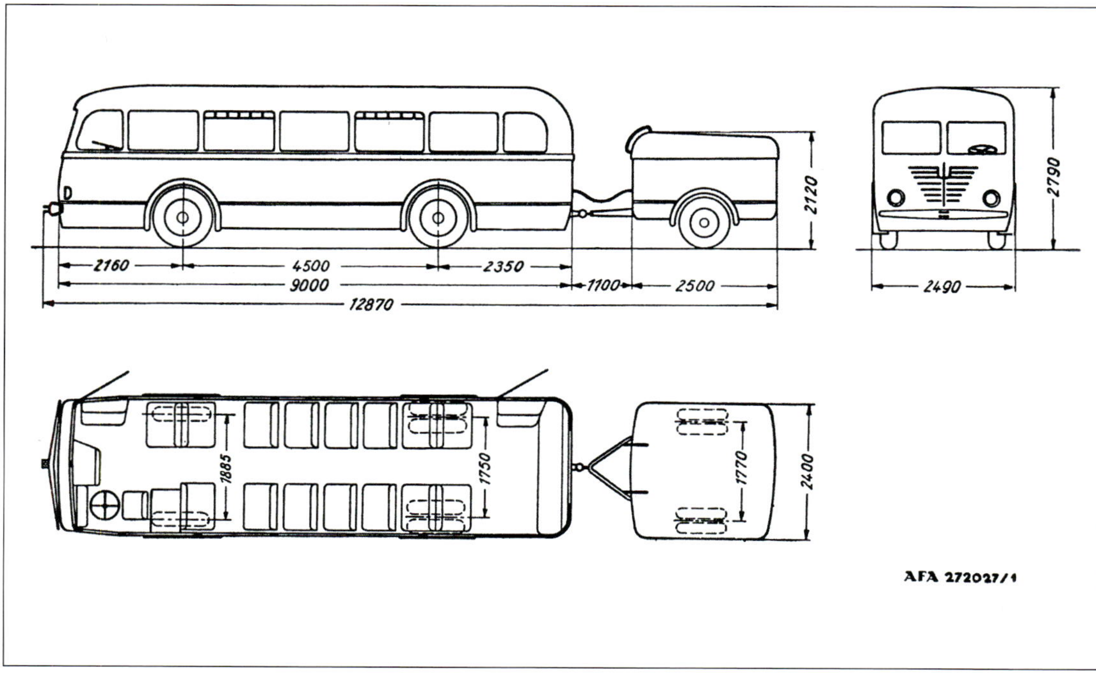

Zeichnung von Dr. Fritz Bode aus dem Jahr 1950 *Wegmann-Archiv, Kassel*

Prospekttitel von 1951, auf welchem die Vorzüge des Akku-Busses deutlich hervorgehoben sind *Wegmann-Archiv, Kassel*

Der Akku-Bus, wie er bei Wegmann intern genannt wurde, war auf einem gekürzten Fahrgestell des Typs KMO 133 der Münchener Firma Krauss-Maffei aufgebaut. Der 34-kw-Gleichstrommotor (ursprünglich war ein 25-kw-Motor geplant) der Firma Still war im Heck verbaut. Bei einer Höchstgeschwindigkeit von 42 km/h (hier waren bei dem kleineren Motor 35 km/h vorgesehen) sollte die Reichweite der Batterien bis zum Nachladen für 90 km (in der ersten Planung 75 km) ausreichen. Als Normalladezeit wurden sieben bis neun Stunden angegeben, das Schnellladen sollte eineinhalb Stunden dauern. Als Gewicht wurden 6 t für den Omnibus angegeben. Der Akku-Bus war für den Überlandbetrieb mit zwei Klapptüren ausgelegt. Verbaut waren 35 Sitzplätze aus Kunstleder. Über die Anzahl der Stehplätze liegen keine Angaben vor. Der Fahrerplatz war recht spartanisch ausgestattet, er entsprach denen der Obusse des Typs Normobus II-6500 aus dem Hause Wegmann.

Die Firma Afa (heute VARTA) verbaute sechs Batterien des Typs 5 TMD in einem separaten mitzuführenden Einachsanhänger. Die Planungen der Firma Wegmann sahen vor, dass mindestens ein zweiter Anhänger anzuschaffen sei. Dies sollte verhindern, dass der Akku-Bus wegen leerer Batterien im Betrieb stehen blieb; ein Anhänger sollte am Ladegerät hängen, der andere im Betrieb stehen. Das Gewicht des Anhängers betrug vollbeladen 5,57 t.

Nach anfänglichen Probefahrten mit Wegmann-Mitarbeitern verweilte der Akku-Bus zu weiteren Probefahrten vom 17. April bis 30. April 1952 in Bayern. Am 17. April wurde das Fahrzeug in Kassel verladen und traf am 18. April in Berchtesgarden ein. Dort lief es am 19. April mit Vertretern der Deutschen Bundes-

Blick auf den Fahrerplatz, der vom Normobus II-6500 abgeleitet wurde *Wegmann-Archiv, Kassel*

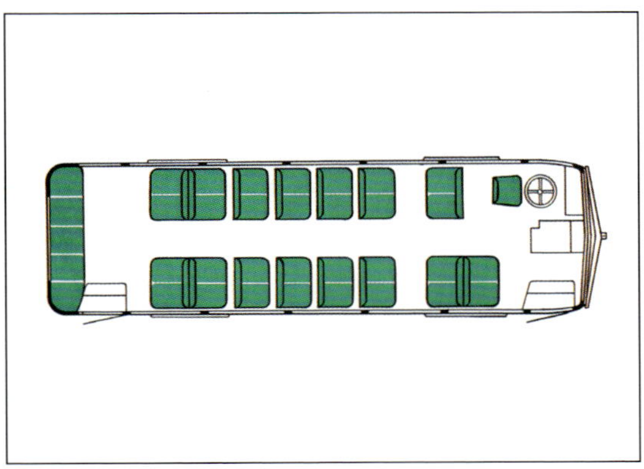

Zeichnung des Akku-Busses bezüglich der Sitzplatzanordnung *Wegmann-Archiv, Kassel*

Der Innenraum: Blickrichtung von hinten nach vorn (oben) und in die Gegenrichtung (unten) *Wegmann-Archiv, Kassel*

Motorwagen mit Anhänger. Gut ist zu erkennen, dass nur eine Klappe zum Öffnen verbaut war und sich diese komplett nach vorne öffnen ließ *Wegmann-Archiv, Kassel*

Anordnung der sechs Afa-Batterien im Anhänger *Wegmann-Archiv, Kassel*

Probefahrt im Wegmann-Werksgelände Ende 1951 mit Wegmann-Mitarbeitern *Wegmann-Archiv, Kassel*

Zwei Akkumulatorenfahrzeuge aus dem Hause Wegmann: Akku-Bus und Triebwagen der Baureihe ETA 176 der Deutschen Bundesbahn (besser bekannt als „Limburger Zigarren“) *Wegmann-Archiv, Kassel*

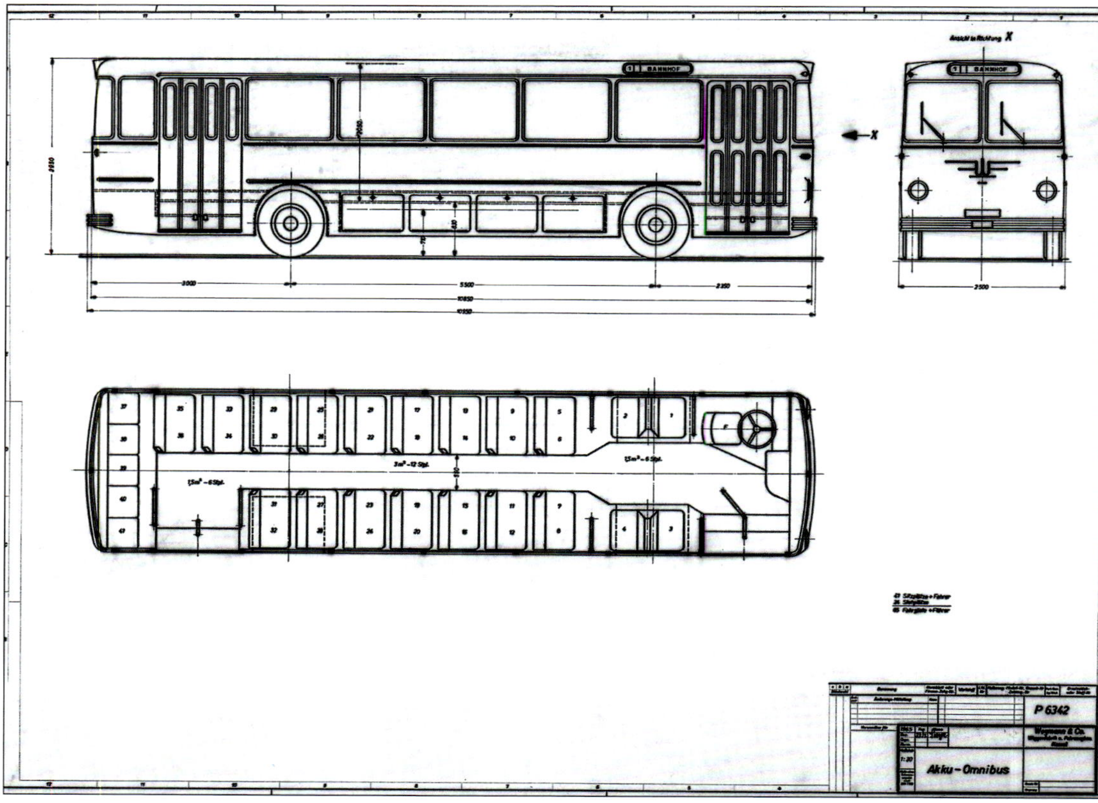

Projektzeichnung von Dr. Fritz Bode für einen Unterflurakkumulatorenomnibus *Wegmann-Archiv, Kassel*

bahn auf der Strecke Berchtesgarden–Schellenberg und vom 20. April bis 22. April auch im normalen Linienverkehr. Am Lokschuppen Berchtesgarden wurde eine Ladestation für den Akku-Bus installiert. Die Testergebnisse in den drei Tagen Linienverkehr waren recht positiv. Einzig wurde bemängelt, „daß der Anhänger im Winter wegen schlechter Schneeräumung eventuell in den Straßengraben rutschen könne". Am 23. April verließ der Wagen Berchtesgarden in Richtung München.

Am 25. April fuhren Vertreter der Münchner Verkehrsbetriebe den Akku-Bus in der Innenstadt zur Probe. Am 26. April fuhr er mit eigener Kraft von München nach Landshut.

Die Vertreter der Stadtwerke Landshut testeten das Elektrofahrzeug am 28. April auf der Linie Schönbrunn–Hauptbahnhof–Siedlung und am 29. April auf der Linie Hauptbahnhof–Achdorf. Die Stadtwerke beabsichtigten, zwei Dieselbuslinien eventuell auf Akku-Betrieb umzustellen. Außerdem war geplant, mit Hilfe des Anhängers die Obuslinien zu verlängern, um die Kosten für den teuren Fahrleitungsbau zu sparen.

Am 30. April trat der Akku-Bus per Tieflader die Heimreise nach Kassel an.

Danach wurde es um das Fahrzeug etwas ruhiger, da einerseits Aufträge der kommunalen Verkehrsbetriebe ausblieben, andererseits die Firma Wegmann mit Aufträgen der Deutschen Bundesbahn mit Triebwagen der Baureihe ETA 176, Reisezuwagen und Güterwagen, ausgelastet war. 1955 wurde das Fahrzeug nach den Unterlagen der Firma Wegmann verschrottet. Interessant ist, dass ebenfalls 1955 Dr. Fritz Bode eine Zeichnung für einen Unterflurakkumulatorenbus erstellte. Auftraggeber war die Deutsche Bundesbahn.

Quellen

- Prospekt „Wegmann-Akku-Bus"
- Unterlagen aus dem Wegmann-Archiv und Henschel-Archiv Kassel

Peter Michels

Der Gyrobus

Eine Alternative zum Batterieomnibus?

Das Wort „Gyro“ kommt aus dem Griechischen und bedeutet im weitesten Sinn Kreisel, und so könnte dieser Bus auf deutsch auch „Kreisel-Omnibus“ heißen. Dr. Hans Woltereck beantwortet in der Zeitschrift „Das Nutzfahrzeug“ vom Oktober 1950 kurz und bündig die Frage: „Was ist ein Gyrobus?“ mit den Worten: „Ein Mittelding zwischen Autobus und Obus.“ Vom Autobus hat der Gyrobus die Unabhängigkeit von der Oberleitung, wenn man von den Strom einspeisenden Lademasten einmal absieht, und somit eine weitgehende uneingeschränkte Bewegungsfreiheit. Vom Obus hat er den elektrischen Antrieb und die damit verbundene geringe Lärmbelästigung und den Wegfall von schädlichen Abgasen.

Das Besondere am Gyrobus ist die Art der Energiespeicherung. Waren die bisher gebauten Elektrofahrzeuge durch das Mitführen schwerer Batterien, die nach 60 bis 80 km Fahrt wieder mehrere Stunden geladen werden mussten und somit nicht eingesetzt werden konnten, nur für besondere Aufgaben gebaut worden, so war es mit dem Gyrobus möglich, mit der Bewegungsenergie des Kreisels seinen elektrischen Antrieb für eine Fahrstrecke von bis zu 6 km mit Strom zu versorgen.

Die Idee, Schwungräder als kurzzeitige Energiespeicher zu verwenden, wurde schon früher angewendet. So ließ sich der Engländer Frederick Lanchester bereits Anfang des 20. Jahrhunderts die Konstruktion eines Verbrennungsmotors mit Schwungradspeicher patentieren und glaubte damit auf ein Schaltgetriebe

Dieser FBW Z (Chassis-Nr. 812), Baujahr 1932, mit M 30-Benzinmotor diente 1948 als Grundlage für den ersten Gyrobus

Foto: FBW-Archiv, Wetzikon

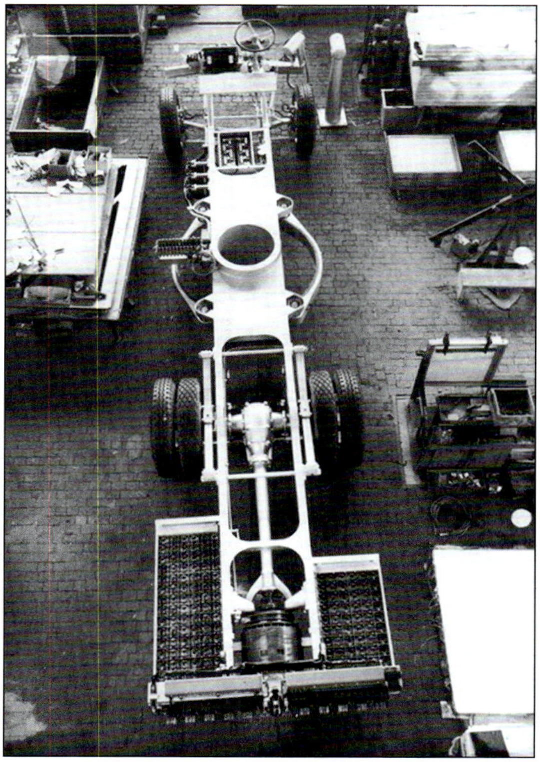

Das Fahrgestell des alten FBW-Lastwagens wurde besonders im Bereich des Schwungrades sehr stabil ausgeführt, um den starken Belastungen gewachsen zu sein. Die Abbildung entstand in der Montagehalle der MFO in Oerlikon

Foto: MFO-Archiv, Oerlikon

Die Abbildung zeigt den rotierenden Teil des Elektrogyro. Gut zu sehen das Schwungrad mit aufgebautem Kurzschlussrotor des Motors und die untere Gehäusehälfte mit Löchern für den Wasserstoffumlauf

Foto: aus Prospekt „Der Gyrobus" der Maschinenfabrik Oerlikon in Zürich, Juni 1953

verzichten zu können. Er beschreibt in seiner Patentschrift von 1905 unter anderem auch einen Omnibus mit Schwungradantrieb, dessen Schwungrad dann an den jeweiligen Haltestellen durch den Verbrennungsmotor wieder aufgeladen werden sollte.

Die praktische Umsetzung seiner Konstruktion wäre aber an den Kreiselkräften des horizontal drehenden Energiespeichers und der Luftreibung des offen liegenden Schwungrades gescheitert.

Der aus Schweden stammende Oberingenieur Bjarne Storsand versuchte nach dem Studium sein Glück in der Schweiz und war bald bei der Maschinenfabrik Oerlikon (MFO) als Konstruktionschef tätig, und zwar in der Abteilung für Gleichrichter und Elektrolyse, also für Anlagen zur Gewinnung von Wasserstoff und Sauerstoff aus Wasser. Während des Zweiten Weltkrieges, als Rohstoff- und Energiemangel herrschte, griff er das Patent von Lanchester wieder auf und setzte es praktisch um.

Zunächst berechnete er die Größe des Schwungkreisels, die notwendig ist, um eine bestimmte Menge Bewegungsenergie aufzunehmen, welche wiederum abhängig ist von der Masse des Kreisels und der Schnelligkeit der Rotation. Nach diesen Berechnungen erfolgte die Konstruktion des neuartigen Antriebs, welcher erstmals 1948 in einem „Schienentraktor" angewendet wurde und sich in der Praxis bewährte. Daraufhin genehmigte die MFO den Bau eines Versuchs-Gyrobusses und vergab den Auftrag für das notwendige kräftige Fahrgestell an die von Franz Brozincevic in Wetzikon gegründeten FBW-Werke. Aus Kostengründen nahmen die Techniker das Chassis (Nr. 812) eines gebrauchten FBW-Lastwagens, Baujahr 1932, und verstärkten und formten es in der Mitte zwischen den Achsen, damit es das Schwungrad aufnehmen konnte. Dieses, quasi als Herz des Gyrobusses bezeichnete Teil ist der mittig zwischen den beiden Achsen federnd aufgehängte, liegende Kreisel mit einem Gewicht von rund 1,5 t und einem Durchmesser von 1,6 m, der aus einem geschmiedeten und vergüteten Chromnickel-Molybdän-Stahl hergestellt wurde. Dieser Kreisel läuft auf Präzisionskugellagern von der Süddeutschen Kugellager-Fabrik SKF in einem luftdichten Gehäuse, das mit einem Unterdruck von rund 0,1 bar mit Wasserstoff oder Helium gefüllt ist. Dadurch ist der Reibungswiderstand so gering, dass der unbelastete Kreisel – einmal auf die Maximaldrehzahl von 3000 U/min gebracht – rund zehn Stunden braucht, um wieder zum Stillstand zu kommen.

Auf der gleichen Achse wie der Kreisel befindet sich der elektrische Drehstrom-Motor, der vor Fahrtbeginn mit örtlichem Kraftstrom aus der Steckdose oder via Pantografen auf dem Fahrzeugdach an fest installierten 500-Volt-Lademasten den Kreisel innerhalb von zwei Minuten auf Höchstdrehzahl beschleunigt. Nach Beendigung der Fremdstromaufnahme wird der Elektromotor so umgepolt, dass er nun als Generator arbeitet und die im Kreisel gespeicherte Energie als elektrischen Strom dem im Fahrzeugheck eingebauten mehrstufigen Fahrmotor mit einer Leistung von rund 70 kW/h zuführt. Dieser treibt über eine Kardanwelle dann die Hinterräder an.

Durch die ständige Stromentnahme des fahrenden Busses verringerte sich natürlich die Kreiseldrehzahl ständig. Bis die noch gerade nutzbare Drehzahl von 1200 U/min erreicht war, konnte der vollbesetzte Gyrobus auf ebener Strecke rund 6 km fahren und dabei eine Höchstgeschwindigkeit von 50 km/h erreichen.

Auf dem modifizierten Lastwagen-Fahrgestell bauten die Carrosseriewerke Aarburg (CWA) den ersten Prototyp, der im April 1951 fahrplanmäßig zwischen Diepoldsau (CH) und Hehenems (A) eingesetzt wurde *Foto: FBW-Archiv, Wetzikon*

Die spätere serienmäßige Ausführung des Chassis für den Gyrobus war gegenüber dem Prototypen doch wesentlich verändert worden. Eine Erleichterung des durch das schwere Schwungrad bedingten Fahrzeuggewichts versuchten die FBW-Techniker durch Verringerung der Fahrgestellmasse durch große Bohrungen in die Kastenprofile zu erreichen *Foto: FBW-Archiv, Wetzikon*

Am 30. September 1953 wurde der Gyrobusbetrieb mit zwei Fahrzeugen auf der 4,5 km langen Strecke Yverdon–Grandson aufgenommen. Einen Tag zuvor präsentierte man die beiden Busse mit den Chassis-Nr. 3495 und 3496 auf dem Place Pestalozzi in Yverdon

Foto: FBW-Archiv, Wetzikon

Da der Bus im Stadt- und Vorortverkehr eingesetzt werden sollte, wo die Haltestellen-Abstände durchweg gering sind, und jeder Haltestellen-Stopp für eine Erhöhung der Kreiseldrehzahl genutzt werden konnte, war dieser Bustyp für solchen Einsatz hervorragend geeignet und mit einem Stromverbrauch von maximal 2,5 kW/h auch sehr wirtschaftlich.

Äußerlich sah der interessierte Fahrgast dem Gyrobus sein besonderes Antriebskonzept nicht an. Auch bei Stillstand des Fahrzeuges war von der Kreiseldrehung während der Aufladung nur ein leises „Sausen und Sirren“ zu hören, was unterwegs durch die übrigen Fahrgeräusche übertönt wurde.

Während einer internationalen Tagung von Verkehrsfachleuten wurde im Juni 1950 bei sommerlicher Hitze in Altdorf/Uri auf einer rund 7 km langen Rundstrecke zum ersten Mal ein öffentlicher Probebetrieb vorgenommen. In dem 14 Tage dauernden Betrieb wurden rund 1000 km ohne Pannen zurückgelegt und fast 10 000 Fahrgäste befördert. Die Experten konnten sich davon überzeugen, dass die Fahr- und Lenksicherheit durch den waagerecht umlaufenden Kreisel in der Fahrgestellmitte selbst auf schlechten Straßen nicht beeinträchtigt wurden. Auch eine in der Teststrecke liegende fünfprozentige Steigung konnte ohne spürbare Geschwindigkeitsminderung gemeistert werden. Beim Bremsen und Bergabfahren schaltete der Antriebsmotor automatisch auf Generatorbetrieb um und führte dem Kreiselmotor Strom zu.

Der heute 85-jährige Alfred Casserini, damals bei FBW tätig, wo das kräftige Chassis aus 8 mm starken Winkelprofilen entstand, erinnert sich an den Gyrobus, an dem er tatkräftig mitgearbeitet hatte und erzählt: „Zwischen den Achsen wurde der sehr stabile Rahmen von einem versierten Fachmann durch Erwärmen mittels Schweißbrenner und starker Pressen für die Aufnahme des Kreisels geformt. Diesen Experten, der mit Wärme wahre Kunststücke vollbrachte, nannten wir in der Firma ‚Weber, der Chassiskünstler‘.“ So kannte ihn das gesamte Nutzfahrzeug-Gewerbe in der Schweiz. Alfred Casserini nahm auch an einigen Probefahrten teil und bestätigt die ausgewogenen Fahreigenschaften des Gyrobusses.

Neben dem oben beschriebenen zweiwöchigen Probebetrieb folgten im November Vorführungen in Yverdon bei regnerischem Herbstwetter und im Dezember 1950 in Aarau, wo sich der Gyrobus auch bei starkem Schneefall bewährte. An beiden Orten wurde der Bus fahrplanmäßig eingesetzt und war von frühmorgens bis spätabends im Dauerbetrieb. Die dabei vorgenommenen Messungen bestätigten die Wirtschaftlichkeit des Betriebes. Die Fahrgäste schätzten das angenehme Fahren in einem Omnibus ohne „Vibrationen, lautlos und geruchlos".

Ab 30. März 1951 folgte ein mehrwöchiger Überland-Einsatz im Rheintal. Die Strecke führte von der schweizerischen Bahnstation Heerbrugg nach Diepoldsau und dann über die Landesgrenze nach Hohenems im österreichischen Vorarlberg auf teilweise schlechten, staubigen Straßen. Dabei kreuzte diese Strecke drei elektrische Bahnen, die für den Gyrobus kein Hindernis waren, bedurfte er doch keiner Oberleitung. Im Sommer 1953 fanden zudem Vorführungen dieses besonderen Busses auf der Internationalen Verkehrsausstellung in München statt.

Am 30. September konnte mit zwei Gyrobussen (Produktions-Nr. 3495 und 3496) der Linienverkehr auf der Strecke Yverdon–Grandson aufgenommen werden. Diese Fahrzeuge unterschieden sich von dem Prototypen durch verschiedene Maßnahmen zur Gewichtsreduzierung, die besonders am Chassis und am Aufbau (Aluminium) durchgeführt wurden. Trotzdem betrug das Leergewicht noch rund 11 t und damit wesentlich mehr als beim gleichgroßen Obus. Während der Prototyp bei einem Radstand von 5,00 m und einer Gesamtlänge von 9,67 m Platz für 50 Personen, davon 29 sitzend, bot, hatten die Serienfahrzeuge einen Radstand von 5,20 m und eine Fahrzeuglänge von 10,70 m, sodass 35 Sitz- und 35 Stehplätze zur Verfügung standen. Den Aufbau auf den von FBW hergestellten Chassis erstellten die Karosseriewerke Aarburg (CWA) bei Olten.

Obwohl die beiden in Yverdon eingesetzten Gyrobusse (Produktions-Nr. 3495 und 3496) bis zu ihrer Außerdienststellung insgesamt 720 000 km zurücklegten und trotz mancher technischer Probleme ihre Brauchbarkeit bewiesen, fanden sich in der

Eine Serie von zwölf komplett in der Schweiz durch FBW/MFO/CWA gebauten Gyrobusse nimmt am 6. August 1955 auf insgesamt vier Linien in Léopoldville, Belgisch Kongo (heute Kinshasa in der Demokratischen Republik Kongo), den Betrieb auf. Die Abbildung zeigt vier der zwölf Busse (Chassis-Nr. 3644 bis 3655) vor dem Bahnhofsgebäude in Léopldville und die „Stromtankstellen" im vorderen und hinteren Teil der Fahrzeugkolonne *Foto: FBW-Archiv, Wetzikon*

Schweiz keine Interessenten für diesen Bustyp. Mit einem weiteren Vorführwagen der Yverdon-Bauart (Produktions-Nr. 3497) warb die MFO weltweit um Käufer und konnte 1954 zwölf FBW/MFO/CWA Gyrobusse (Produktions-Nr. 3644 bis 3655) nach Léopoldville ins damalige Belgisch Kongo – heute Kinshasa, in der Demokratischen Republik Kongo – liefern, mit denen im Sommer des folgenden Jahres vier Linien befahren wurden. Weitere drei Gyrobusse (Produktions-Nr. 3898 bis 3900) ersetzten 1956 eine Vorortstraßenbahn in der belgischen Stadt Gent.

Deutsche Interessenten für den Gyrobus konnten sich für Auskünfte an die Dürener Eisenbahn AG in Düren wenden, wo ihnen neben Prospektmaterial auch technische Informationen gegeben sowie Vorführtermine in der Schweiz genannt wurden.

Mit der Produktionsnummer 3900 verließ am 17. Januar 1956 das Chassis für den letzten Gyrobus die Werkhallen von FBW, um in Aarburg aufgebaut zu werden.

Was ist aus den insgesamt 19 gebauten Gyrobussen geworden, wird sich der interessierte Leser fragen?

Im Dauerbetrieb zeigten einige Konstruktionsteile Schwächen. So mussten die durch das hohe Gewicht des Kreisels stark belasteten Kugellager oft ausgewechselt werden und die rigorosen Maßnahmen zur Gewichtsreduzierung am Fahrgestell und Aufbau führten zu Haarrissen und im schlimmsten Fall sogar zu Brüchen. Dazu berichtet der ehemalige Werkstattchef des Transportunternehmens TPYG in Yverdon: „Regelmäßig mussten wir die beiden Busse mit einem Lastwagen nach Oerlikon schleppen. Das war im unbeheizten Wagen im Winter kein großes Vergnügen." Deshalb wurden die beiden in Yverdon eingesetzten Busse 1960 stillgelegt, waren sie doch als Einzelstücke auch sehr kostenträchtig zu unterhalten.

Die in Léopoldville eingesetzten zwölf Busse scheiterten schlussendlich an der technischen Wartung und an fehlenden Ersatzteilen und wurden Ende

Haltestelle mit „Stromtankstelle" in Léopoldville. Die aufgeklappten Stromabnehmer bekommen Kontakt mit der Ladestation, und nun kann mit dem Drehstrommotor der Gyro auf 3000 Umdrehungen beschleunigt werden *Foto: FBW-Archiv, Wetzikon*

Die letzten drei gebauten Gyrobusse konnten 1956 nach Gent in Belgien ausgeliefert werden und ersetzten dort ab dem 10. September die Straßenbahn. Die Abbildung zeigt den fabrikneuen Bus G1 mit der Chassis-Nr. 3898 in Anderlecht

Foto: FBW-Archiv, Wetzikon

Gyrobus G2 mit der Chassis-Nr. 3899 an der Endstation in Merelbeke

Foto: FBW-Archiv, Wetzikon

Stadt- und Linienbus O 305 mit alternativem Gyroantrieb
Foto: Mercedes-Benz Archiv

der 1950er-Jahre außer Dienst gestellt. Die drei in Gent eingesetzten Gyrobusse wurden auf Dieselbetrieb umgebaut. Der letzte gebaute Bus mit der Produktionsnummer 3900 bleibt als Museumsfahrzeug in Antwerpen erhalten.

Das einzige noch in Betrieb stehende Gyrofahrzeug ist eine Tunnel-Lokomotive, die im stillgelegten Eisenerzbergwerk Gonzen bei Sargans den „Gonzenexpress“ auf einer Strecke von rund 2 km zieht, mit dem die Besucher den Berg erkunden (www. bergwerk-gonzen.ch).

Nachdem ich mich in den letzten Wochen intensiv mit der Technik und dem Einsatz der „Kreiselbusse“ beschäftigt habe, bin ich der Meinung, dass sich die Schwungradtechnik – mit dem heutigen Wissen und den vorhandenen Möglichkeiten in der Verfahrens- und Elektrotechnik – für den Stadtbusverkehr anwenden ließ. In der Serienherstellung dürften sie ebenfalls nicht teurer sein als ein gleich großer und starker Batteriebus.

Der Einsatz der Gyrobusse in der Schweiz hat gezeigt, dass der Betrieb kostengünstig und als Alternative zum Batterie betriebenen Bus möglich ist, wenn die im Dauerbetrieb aufgetretenen Mängel konstruktiv beseitigt werden, was durchweg heute möglich wäre.

Der große Nachteil ist sein um fast 3 t höheres Gewicht gegenüber einem vergleichbaren Dieselfahrzeug, bedingt durch die 1,5 t schwere Schwungmasse und die Maßnahmen zur Sicherung der rotierenden Scheibe, die bei einem Durchmesser von 1,6 m bei 3000 U/min etwa 900 km/h Umfangsgeschwindigkeit erreicht. Abhilfe könnten moderne Schwungräder aus kohlenstofffaserverstärktem Kunststoff (GfK) schaffen. Auch das Fahrverhalten könnte mittels zweier gegenläufiger Schwungräder weiter verbessert werden.

Das Thema Gyrobus ist trotz mancher Probleme aber noch nicht vergessen worden. So beschäftigte sich auch Daimler-Benz 1979 mit dem Gyro-Antrieb und baute ihn zu dem 130 PS leistenden Dieselmotor in einen Standard-Linienbus O 305 ein. Je nach Bedarf konnte nun mit dem Verbrennungsmotor oder dem Schwungrad gefahren werden. Die Beschleunigung des Gyro erfolgte beim Bremsen (Energie-Rückgewinnung) oder durch den Dieselmotor. Später nutzte die „Auto Tram“ in Dresden, seit 2005 im Einsatz, ein kleines Schwungrad als Energiespeicher. Es wurde nicht als einziger Antrieb genutzt, sondern unterstützte lediglich eine Brennstoffzelle und diente zur Zwischenspeicherung von Bremsenergie.

Danksagung

Ich danke Dipl.-Ing. Rainer Rex für seine fachliche Beratung, Alfred Casserini für seine Informationen sowie Willy Störchlin, Archivar des FBW-Museums, für weitere Angaben und für das umfangreiche Bildmaterial, das er mir zur Verfügung stellte.

Quellen

- Prospekt: Der Gyrobus der Maschinenfabrik Oerlikon (MFO) 1953
- Jürg Biegger: FBW Fahrzeuglexikon 2, Benken 2006
- Kurt Sahli: FBW NutzfahrzeugeFBW 1908–1985, Bern 1989
- P. Schneider: Typenkompass Mercedes Omnibusse, Stuttgart 2005
- Das Nutzfahrzeug, 2. Jahrgang, Heft 10, Oktober 1950
- Motor Rundschau, Jahrgang 1947, Heft 17/18, und Jahrgang 1948, Heft 7/8
- Schweizerische Bauzeitung, Nummer 15, 69. Jahrgang
- Bild der Wissenschaft, Themenheft „Die Challenge“ 2016
- Internetseite des FBW-Club unter www.fbw.ch
- Interview mit dem ehemaligen FBW-Mitarbeiter Alfred Casserini

Dr. Günter Kann

Der Busverkehr der Rheinbahn

Ein Rückblick in 19 Episoden

Die Rheinbahn, 1896 als Rheinische Bahngesellschaft AG gegründet, zählt heute zu den bedeutendsten Nahverkehrsunternehmen in Deutschland. Als 100-prozentige Tochter der Stadt Düsseldorf betreibt sie den öffentlichen Nahverkehr in der nordrhein-westfälischen Landeshauptstadt Düsseldorf und den umliegenden Regionen. Im Verkehrsverbund Rhein-Ruhr ist sie das größte von 20 Verkehrsunternehmen. Die Rheinbahn beschäftigt mehr als 2800 Mitarbeiter. Sie beförderte 2014 rund 220 Millionen Personen und leistete 1014 Millionen Personenkilometer. Werktags sind im Schnitt rund 720 000 Fahrgäste mit der Rheinbahn unterwegs.

„Rheinbahn" – allein schon der Name weist dem schienengebundenen Verkehr einen besonderen Stellenwert im Angebot des Unternehmens zu. Auch das öffentliche Interesse gilt vor allem den Straßenbahnen, die in der Tat das Rückgrat des Nahverkehrs in der Region bilden – unter anderem mit den wichtigen Verbindungen nach Duisburg, Krefeld, Neuss und Ratingen. Allerdings ist heute der Bus das Verkehrsmittel mit der größeren Breitenwirkung. Den gut 300 Stadt- und Straßenbahnen stehen 430 Omnibusse gegenüber. Die 93 Omnibuslinien decken 1356 Linien-Kilometer ab, die 13 Stadtbahn- und Straßenbahnlinien summieren sich auf 280 km. Im Jahr 2014 wurden 28,7 Millionen km im Bus- und 12,8 Millionen km im Bahnbereich geleistet.

Noch gänzlich ohne Busse startete der Rheinbahn-Betrieb im Jahre 1896. Wann die ersten Busse zum Einsatz kamen und wie sich der Busverkehr im Laufe der Jahrzehnte entwickelte, darüber soll im Folgenden in kurzen Episoden berichtet werden.

Ab 1926 wurden solche dreiachsigen Büssing VI GLn von der RKBG unter anderem auf der Strecke Düsseldorf–Solingen–Remscheid eingesetzt. Überreste eines Fahrzeugs erwarb die Rheinbahn 2001; in rund 2000 Arbeitsstunden restaurierten Junghandwerker, Auszubildende und Werkstattmitarbeiter den Bus und machten ihn wieder fahrtüchtig: ein schmucker Oldtimer, der nun für Sonderfahrten eingesetzt wird *Foto: Rheinbahn*

Einer der beiden offenen Büssing-Busse, die die Rheinbahn für Stadtrundfahrten einsetzte. Das Foto entstand 1928. Im Hintergrund die frühere Rheinhalle, heute Tonhalle – Düsseldorfs Konzerthaus
Foto: abracusphotoworld

1876: Als PS noch etwas mit Pferden zu tun hatte – Die Pferdeeisenbahn als Vorläuferin der Rheinbahn

Zu einer Zeit, als man noch nicht an Omnibusse und elektrische Straßenbahnen dachte, gab es schon einen öffentlichen Nahverkehr in Düsseldorf: die Pferdeeisenbahn. Sie wurde 1876 eröffnet und hatte zunächst eine Streckenlänge von 2,7 km; sukzessive wurde das Netz auf 11,1 km ausgebaut. Fünf Linien wurden bedient. In der Spitze waren 88 Wagen und 377 Pferde im Einsatz. Es kamen mithin ungefähr so viele „PS“ zusammen, wie heutzutage ein einziger moderner Bus auf die Straße bringt. Im Juni 1900 wurde die Pferdebahn eingestellt. Die elektrischen Straßenbahnen eroberten die Stadt. Bis der erste Linienbus durch die Straßen fuhr, dauerte es noch ein paar Jahre.

1907: Erster Linienbus – ein Flop

Das Schienennetz der Rheinbahn wuchs und wuchs, aber nicht alle Vororte und Stadtteile konnten einbezogen werden. So blieb auch der Wunsch der Bürger im landwirtschaftlich geprägten Vorort Hamm nach einer Straßenbahnverbindung in die Innenstadt unerfüllt. Stattdessen wurde am 1. Februar 1907 eine Busverbindung eingerichtet, die von der Endstelle der Straßenbahn am Hafen nach Hamm führte. Es war die erste Buslinie der Rheinbahn. Eingesetzt wurden zwei vollgummibereifte Fahrzeuge, die ein Daimler-Fahrgestell mit 28-PS-Vierzylinder-Motor hatten. Sie waren mit einer Höchstgeschwindigkeit von 25 km/h unterwegs. Die Aufbauten kamen von der Waggonfabrik Düsseldorfer Eisenbahnbedarf vorm. Weyer u. Co. Der neuen Linie aber war nur ein kurzes Dasein vergönnt. Der laufende Betrieb war mit erheblichen Kraftstoffkosten (Verbrauch 55 Liter Schwerbenzin je 100 km) und hohen Wartungskosten verbunden. Und für die Fahrgäste war die Fahrt auf schlechten Straßen nicht gerade ein Vergnügen. Kein Wunder also, dass die Anzahl der beförderten Personen schon bald rückläufig war. Die Folge: Bereits zum 1. Februar 1910 wurde die Buslinie wieder eingestellt.

1924: Die Zeit ist reif für einen umfangreicheren Busbetrieb – zunächst im Verbund

15 Jahre später waren die technischen und wirtschaftlichen Rahmenbedingungen für einen Busbetrieb schon wesentlich besser. In vielen deutschen Großstädten befanden sich bereits Busse mit Erfolg im Einsatz. Und auch die Rheinbahn erkannte die Notwendigkeit und die Chancen eines Linienbusbetriebs,

Am Ehrenhof in Düsseldorf nahe dem Rheinufer ist 1930 einer der damals eingesetzten Zweiachser der Rheinbahn-Busflotte zu sehen
Foto: abracusphotoworld

1936 im Dienste der Rheinbahn unterwegs: Ein dreiachsiger Büssing 802 N mit Aufbauten der Waggonfabrik Uerdingen
Foto: Waggonfabrik Uerdingen/ Archiv Jürgen Jacobi

1935: Rheinbahn-Busse präsentieren sich vor dem Bühnenhaus des Düsseldorfer Schauspielhauses
Foto: Stadtarchiv Düsseldorf

der insbesondere der Anbindung der umliegenden Landkreise dienen sollte. So wurde im November 1924 die Rheinische Kraftwagen-Betriebs-Gesellschaft (RKBG) gegründet. Dem Gesellschafterkreis gehörten neben der Rheinbahn die Städte Mönchengladbach, Neuss, Solingen und Remscheid sowie die Landkreise Düsseldorf, Solingen, Heinsberg und Erkelenz an. Am Kapital der Gesellschaft war die Rheinbahn mehrheitlich beteiligt, und bei ihr lag auch die Geschäftsführung.

Insgesamt wurden mehr als 20 Omnibuslinien betrieben, unter anderem von Düsseldorf über Ratingen nach Mülheim/Ruhr sowie von Düsseldorf-Gerresheim über Hilden nach Langenfeld. Entsprechend umfangreich war der Wagenpark. Zum Einsatz kamen zehn dreiachsige Fahrzeuge mit Büssing-Fahrgestellen, die mit 55 PS starken Vierzylinder-Motoren ausgestattet waren; die Aufbauten wurden von der Waggonfabrik Gebr. Schöndorff AG geliefert. Zusätzlich wurden 21 Zweiachser eingesetzt, für die die Firma Daag aus Ratingen die Fahrgestelle und die Firma Düsseldorfer Eisenbahnbedarf vorm. Weyer u. Co. die Aufbauten bereitstellten. Hinzu kamen zwei Büssing-Busse mit offenen Aufbauten für Ausflugs- und Rundfahrten. Zwei Jahre später wurden für die Bedienung ländlicher Regionen noch sechs kleinere Fahrzeuge von der Firma Fafnir aus Aachen angeschafft; sie konnten jeweils zehn bis zwölf Passagiere befördern und fuhren ohne Schaffner.

1930: Rückschläge können die Entwicklung nicht aufhalten

Nach nur fünf Jahren endete die Geschäftstätigkeit der RKBG im Oktober 1929. Die Gesellschaft hatte zwar bis dato rund elf Millionen Personen in ihren Bussen befördert. Aber die wirtschaftliche Lage, das sich verbessernde Angebot der Reichsbahn sowie der sich allmählich ausweitende Pkw-Verkehr ließen es nicht zu, dass das Unternehmen rentabel wirtschaftete. Gleichwohl: Der Busverkehr kam auch nach Auflösung der RKBG nicht gänzlich zum Erliegen. 1930 übernahm die Rheinbahn drei Linien der Gesellschaft: von Düsseldorf nach Solingen, Mülheim und Langenfeld. Und sie erweiterte in den Folgejahren gezielt wieder das zwischenzeitlich reduzierte Netz. So wurden zum Beispiel 1935 eine Linie Düsseldorf–Essen und eine Linie von Düsseldorf in die Vororte Himmelgeist und Itter eingerichtet. Die Anschaffung von sechs neuen Büssing-Fahrzeugen mit 135-PS-Dieselmotoren und Aufbauten der Waggonfabrik Uerdingen war mit der Erwartung verbunden, dass der Einsatz von Omnibussen im öffentlichen Nahverkehr Zukunft haben würde. Etwas später kamen noch zwei weitere Exemplare dieses Fahrzeugs hinzu ebenso wie einige Zweiachser ebenfalls von Büssing.

1934/35: Neue Angebote: Hinaus ins Grüne

Schon seit einigen Jahren hatte die Rheinbahn ihren Kunden über den Liniendienst hinaus auch Ausflugsfahrten angeboten. So fuhr etwa 1930 ein Bus mit offenem Verdeck zur Baumblüte nach Leichlingen, ins Neandertal oder ins Bergische Land. Mitte der 1930er-Jahre, in der Zeit der Nazi-Herrschaft, wurden diese Angebote intensiviert. Dabei spielten auch propagandistische Motive eine Rolle. Busfahrten in die Wintersportgebiete im Sauerland, im Bergischen Land und in der Eifel standen auf dem Programm, im Sommer gab es Fahrten zur Möhne- und Sorpetalsperre, nach Schloss Burg im Tal der Wupper oder in den Westerwald. Ein dreiachsiger Omnibus wurde als „Frühstückswagen“ für Ausflugsfahrten eingerichtet. Auch fernere Ziele wurden angesteuert. Es gab Reisen nach Heidelberg, nach Oberbayern und zum Bodensee. Im Februar 1935 ging es mit dem Rheinbahn-Bus zur Grünen Woche nach Berlin. Sogar eine Autobuslinie Düsseldorf –Berlin wurde eingerichtet.

1937: Eine Obus-Linie kommt hinzu

1937 übernahm die Rheinbahn die Kreis Mettmanner Straßenbahnen G.m.b.H. – und damit auch den Betrieb einer Oberleitungsbus-Linie, die Mettmann mit Gruiten verband. Diese Strecke war im August 1930 als erste moderne Oberleitungsbus-Linie in Deutschland eröffnet worden. Sie war knapp 6 km lang und umfasste zwölf Haltestellen. Aufgrund der zahlreichen Unterwegshalte wurde eine Durchschnittsgeschwindigkeit von nur 15 km/h erreicht. Anfangs handelte es sich eher um eine Versuchsstrecke; denn aufgrund ihrer Topographie war die Gegend besonders geeignet, eine Technik zu testen, die in den 1950er-Jahren im Gebiet der heutigen Bundesrepublik auf immerhin 57 Anlagen realisiert wurde. Im Linienverkehr wurden dann später von Mettmann nach Gruiten bis zu zehn Obus-Fahrten in jede Richtung durchgeführt. Bis zu 700 000 Fahrgäste pro Jahr wurden nach dem Krieg befördert. Die sechsrädrigen Busse kamen von der Waggonfabrik Uerdingen; Krupp lieferte die Fahrgestelle, AEG die elektrische Ausrüstung. Im Mai 1952 wurde der Obus-Betrieb von der Rheinbahn eingestellt.

1939: Chaotische Zeiten brechen an

5,1 Millionen Fahrgäste beförderte die Rheinbahn im Jahr 1939 im Omnibusverkehr – ein Rekord. Die Fahrzeugflotte bestand inzwischen aus 22 drei- und 23 zweiachsigen Omnibussen und acht zweiachsigen Anhängern. Für Rundfahrten standen zwei offene, mit Klappverdeck versehene Fahrzeuge zur Verfügung. Elf Buslinien wurden betrieben.

In der Folgezeit wurde der Wagenbestand zunehmend dezimiert, da Fahrzeuge für militärische Zwecke bereitgestellt werden mussten. Während des Zweiten Weltkrieges wurde es dann immer schwieriger, einen halbwegs funktionierenden Bus- und Straßenbahnbetrieb aufrechtzuerhalten. Notlösungen waren gefragt. So wurden Buslinien verkürzt, um Benzin zu sparen. Schließlich führte Treibstoffmangel dazu, dass die noch einsatzfähigen Omnibusse auf Anthrazitgas oder verdichtetes Leuchtgas umgestellt wurden. Auch Holzgas, das man durch die Vergasung von Holzkohle in einem besonderen Ofen gewann, wurde verwendet. Ende 1945 konnten nur noch drei Buslinien bedient werden.

Der Neubeginn nach Kriegsende war schwierig. Aber immerhin waren 1946 schon wieder acht Buslinien innerstädtisch und in die umliegenden Gemeinden in Betrieb, auf denen 16 einsatzfähige Busse und vier Anhänger zum Einsatz kamen. Von der Streckenlänge des Jahres 1939 (275 km) konnten gleichwohl erst wieder 120 km befahren werden.

1950: Kräftige Wiederbelebung des Nahverkehrs

Die Einwohnerzahl in der Stadt Düsseldorf, die 1940 bei über 520 000 gelegen hatte, war bis 1945 auf nur noch 345 000 gesunken. Nach Kriegsende nahm die Bevölkerung dann ebenso rasch wieder zu, da viele Evakuierte in die Stadt zurückkehrten und Flüchtlinge aus den Ostgebieten hinzukamen. 500 500 Einwohner wurden 1950 registriert, 644 000 waren es 1955. Für den Nahverkehr ergaben sich aus dieser sprunghaften Entwicklung große Herausforderungen, die im Zuge des Wiederaufbaubooms zügig in Angriff genommen wurden. Vor allem die Straßenbahn erlebte einen Aufschwung. Ende 1951 gab es im Netz der Rheinbahn 21 Straßenbahn-Ortslinien und sechs Fernlinien. Von den damals insgesamt beförderten Fahrgästen nutzten 91 Prozent die Straßenbahn und nur 9 Prozent den Bus.

Allerdings deutete sich Anfang der 1950er-Jahre bereits an, dass sich das Einsatzfeld für die Straßen-

Vor dem Rheinbahn-Haus in Düsseldorf im Jahr 1934: Die Waggon-Fabrik AG Uerdingen stellt einen neuen Dreiachser vor

Foto: Stadtarchiv Düsseldorf

Busfahren in Zeiten des Wiederaufbaus: Ein Büssing-TU-Modell mit Aufbau der Waggonfabrik Uerdingen 1951 in der Düsseldorfer Innenstadt
Foto: Büssing/Archiv Jürgen Jacobi

bahn gerade im Umland der Stadt verengen würde. So wurden schon 1952 in der Region Mettmann einige der noch bestehenden Straßenbahn-Linien ein- bzw. auf Busverkehr umgestellt. Auch im linksrheinischen Gebiet gab es in den nachfolgenden Jahren Strecken-Stilllegungen.

1952: Der Omnibusverkehr gewinnt nun ständig an Bedeutung

In den Folgejahren gewann der Omnibus nun immer größere Bedeutung. Nachdem die Rheinbahn Ende der 1940er-/Anfang der 1950er-Jahre erstmalig wieder neue Fahrzeuge beschaffen konnte, setzte eine rasante Entwicklung ein. Schon 1952 umfasste das Busnetz 27 Linien und hatte eine Streckenlänge von 687 km. Und das war erst der Anfang.

Ein wichtiger Grund, warum der Bus in den Vordergrund rückte und die Straßenbahn an Attraktivität verlor, war der allmählich wachsende Individualverkehr. Außerhalb der Stadt empfand man die Straßenbahn zunehmend als Hemmschuh. Das Problem wurde besonders deutlich, wenn sich die Bahngleise auf einer Straßenseite befanden, sodass sich die Bahnen zwar in die eine Richtung im Verkehrsfluss bewegten, in Gegenrichtung aber den Autoverkehr behinderten und abbremsten. Hinzu kam, dass neue Wohngebiete entstanden, nicht zuletzt in Randlagen, deren Anbindung an die Stadt flexible Verkehrskonzepte erforderte. Außerdem war die Einrichtung von Buslinien mit geringeren Investitionskosten verbunden. Auch in der Stadt selbst geriet die Straßenbahn in die Defensive. In der Nacht vom 15. auf den 16. Juli 1955 fuhr die letzte Straßenbahn über die Königsallee, Düsseldorfs Prachtmeile. Zu dieser Zeit war die Zahl der Buslinien bereits auf 43 gestiegen; der Wagenpark umfasste 157 Busse, überwiegend Büssing- und Daimler-Benz-Fahrzeuge.

Waren im Busnetz der Rheinbahn 1948 rund acht Millionen Fahrgäste unterwegs gewesen, so zählte man 1952 fast 23 Millionen. Bis 1956 verdoppelte sich die Zahl auf rund 47 Millionen – eine neue Dimension. An der Gesamtzahl der mit Bahnen und Bussen beförderten Personen bedeutete dies einen Anteil von bereits mehr als 17 Prozent. 270 Millionen Fahrgäste insgesamt beförderte die Rheinbahn in diesem Jahr – eine Zahl, die in späteren Jahren dramatisch zurückgehen sollte.

1961: Der erste Gelenkbus in Düsseldorf

Die steigende Nachfrage erforderte nicht nur mehr Busse, sondern auch größere Anhänger waren nicht die Lösung der Zukunft. Eine Alternative war: längere Fahrzeuge, wie etwa der Daimler-Benz O 317. Ab 1958 wurden zudem sogenannte Anderthalbdecker eingesetzt, die immerhin bis 1973 in Betrieb blieben. Für die Zukunft bedeutsamer war eine andere technische Lösung: Gelenk-Straßenbahnwagen waren in Düsseldorf schon seit 1956 im Einsatz. Im Frühjahr 1961 wurde nun auch der erste Gelenkbus angeschafft; Lieferant war Duewag/Waggonfabrik Uerdingen. Insgesamt umfasste die Bestellung 24 Fahrzeuge. Der 16,5 m lange luftgefederte Bus mit einer Motorleistung von 170 PS konnte bis zu 167 Personen befördern. Er hatte ein automatisches Getriebe; die Lenkung war hydraulisch verstärkt. Die dritte Achse konnte gelenkt werden, wodurch auch enge Straßen gut befahren werden konnten. Die Rheinbahn versprach sich von diesen neuen Fahrzeugen nicht nur eine Erhöhung der Beförderungskapazitäten, sondern auch Personaleinsparungen und Kostenvorteile.

1965: Größere Anschaffungsprogramme werden initiiert

Während nun intensiver über U-Bahn-Projekte diskutiert wurde und die Planungen für ein S-Bahn-Netz voranschritten (Ende September 1967 wurde die erste Strecke Düsseldorf–Garath–Ratingen Ost eröffnet), wurde umfassend in die Modernisierung und Erweiterung der Busflotte investiert. Große Stückzahlen wurden bei führenden Herstellern geordert. Den 20 Büssing Senator 13, die bereits 1963 beschafft worden waren, folgten 1965/66 insgesamt 100 Büssing Präfekt 13. Ab 1965 kam dann auch ein weiterer Hersteller zum Zuge, dessen Fahrzeuge bisher eher selten in der Stadt zu sehen waren: MAN. Das Unternehmen lieferte insgesamt 125 Exemplare

Rheinbahn-Bus vom Typ Mercedes-Benz O 6600 H Anfang der 1950er-Jahre unterwegs im Liniendienst im Bergischen Land. Diese Fahrzeuge hatten einen 145 PS starken Motor und ein halbautomatisches ZF-Mediagetriebe *Foto: Stadtarchiv Düsseldorf*

Erste Gelenkbusse in Düsseldorf: ein Duewag GBS 165 im Januar 1962 am Düsseldorfer Hauptbahnhof mit dem Ziel Flughafen

Foto: Jürgen Jacobi

Im Januar 1962 steht hier ein Daimler-Benz Typ O 317 für die Fahrt nach Mettmann bereit. Der 12 m lange Bus war mit einem 172-PS-Motor ausgerüstet

Foto: Jürgen Jacobi

Heute als Oldtimer unterwegs: Ein MAN 750 HO – M 11 A, Baujahr 1969 – ein Modell, das bei der Rheinbahn in den 1970er-Jahren in großen Stückzahlen im Einsatz war. Der Bus gehörte zu den letzten Vertretern nicht standardisierter Typen für Verkehrsbetriebe *Foto: Rheinbahn*

seines Metrobus 750 HO-M 11 A. Es handelte sich hier um die Weiterentwicklung eines Fahrzeugs, dessen Vorgängermodell zusammen mit Krauss Maffei entwickelt worden war. Besondere Merkmale des 11 m langen Busses waren Luftfederung, Einzelradaufhängung vorne und ein 150 PS starker Unterflur-Heckmotor.

1972: Interessante Nischenangebote – nicht immer von Dauer

Wie sehr der Erfolg eines neuen Angebots auch von externen Faktoren abhängt, wird am Beispiel eines speziellen Flughafen-Zubringerdienstes deutlich. Für die Fahrten zum Düsseldorfer Flughafen schaffte die Rheinbahn im Mai 1972 vier Busse MAN/Göppel 890 SG mit einer ungewöhnlichen Ausstattung an. Der Innenraum war mit Teppichboden ausgelegt. Auf jeder Seite waren 17 Einzelsessel schräg zur Fahrtrichtung angeordnet. Darüber gab es geschlossene Gepäckablagen. Auf der rechten Fahrzeugseite hatten die Busse nur eine Tür, eine zweite befand sich auf der Rückseite des Nachläufers. Der Plan, die Busse direkt auf das Rollfeld fahren zu lassen, konnte allerdings aus Sicherheitsgründen nicht realisiert werden. Nur gut drei Jahre waren die Fahrzeuge im Einsatz. Als im Oktober 1975 die S-Bahn zum Flughafen in Betrieb ging, bedeutete dies das Ende der Direktbus-Linie. Die Busse wurden wenige Monate später bei MAN in Zahlung gegeben. Im Übrigen konnte sich MAN in dieser Zeit über einen großen Auftrag der Rheinbahn freuen, die im Rahmen der Erneuerung ihres Busbestandes zwischen Januar 1973 und November 1975 insgesamt 125 MAN SG 192 in Dienst stellte.

1974: Der Zeit voraus: Einsatz von Elektrobussen

Die seinerzeitige Ölkrise war Anlass für eine Neuerung: 1974 startete die Rheinbahn einen Versuch mit dem Einsatz von Elektrobussen. Insgesamt wurden 13 Fahrzeuge der Gesellschaft für elektrischen Straßenverkehr angeschafft. Auch die Stadt Mönchengladbach beteiligte sich mit sieben dieser sogenannten Flüsterbusse an dem Versuch. Die Busse führten einen Anhänger mit sich, in dem sich die Batterien befanden. Regelmäßig wurden die Batterien im Betriebshof im Stadtteil Benrath aufgeladen. Die Busse wurden vornehmlich im Bereich Benrath/Garath eingesetzt.

1982 übernahm die Rheinbahn die Mönchengladbacher Busse. Die Fahrzeuge wurden nun auch mit einem Stromabnehmer ausgestattet, der an der Endstelle an eine fest installierte Stromschiene angelegt wurde. Die Elektrobusse waren bis 1986/87 im Einsatz. Ein Nachfolgemodell gab es nicht, auch weil die Industrie noch nicht bereit war, in eine Fortentwicklung der Technologie zu investieren.

1975: Rheinbahn-Geschäft – Spiegel tiefgreifender Veränderungen in Wirtschaft und Gesellschaft

Blickte man 30 Jahre nach Kriegsende zurück, konnte man auch in der Geschäftsentwicklung der Rheinbahn die tiefgreifenden Veränderungen erkennen, die die Stadt und die Region in den letzten Jahren erlebt hatten. Dass der Rheinbahn-Geschäftsabschluss für das Jahr 1974 eine Fahrgastzahl von weniger als 200 Millionen auswies (1956: 270 Millionen), zeigte nur zu deutlich den rasant zunehmenden Individualverkehr. Hinzu kam, dass die Zahl der Einwohner in Düsseldorf wieder deutlich sank. Hatten Anfang der 1960er-Jahre über 700 000 Personen in der Stadt gewohnt, waren es Mitte der 1970er-Jahre nur noch rund 660 000 – Tendenz weiter rückläufig. Mehr als 100 000 Düsseldorfer Bürger waren (Stand 1975) in den letzten 15 Jahren in die umliegenden Städte und Gemeinden abgewandert, etwa nach Mettmann, in die Rhein-Wupper-Region oder in Richtung Neuss und Grevenbroich. Zudem verschob sich die Wirtschaftsstruktur Düsseldorfs weg von der Industrie hin zum Dienstleistungssektor – was zu veränderten Pendlerströmen führte. All dies spielte dem Omnibus in die Hände und schadete der Straßenbahn: Sie transportierte 1974 nur noch 120 Millionen Fahrgäste (1956: 223 Millionen), während die Zahl der Bus-Passagiere von 47 auf 77 Millionen gestiegen war. 52 Linien waren mittlerweile eingerichtet. 40 Prozent aller Rheinbahn-Fahrgäste waren Busreisende.

1981: Eröffnung der ersten U-Bahn-Strecke – neues Kapitel im Düsseldorfer Nahverkehr beginnt

Es waren zwar nur 1,5 km U-Bahn-Strecke, die am 3. Oktober 1981 eröffnet wurden, und doch war dies ein wichtiger Schritt für die weitere Entwicklung des

Am Düsseldorfer Hauptbahnhof im März 1975: Ein MAN SÜ 240 F2 mit dem Ziel Mettmann *Foto: Jürgen Jacobi*

Am 27. Januar 1989 hatte dieser MAN-SL-Bus zwölf Jahre und zwei Monate nach seiner Auslieferung 1 000 000 km geleistet – ein Grund zum Feiern. Das 192 PS starke Dieselaggregat war im November 1983 bei einem Kilometerstand von 492 000 ausgetauscht worden; der zweite Motor hatte beim Jubiläum 508 000 km erreicht *Foto: Rheinbahn*

Nahverkehrs in der Stadt. Allerdings ging der Ausbau des unterirdischen Bahnverkehrs nur langsam voran. Erst im Mai 1988 konnte zum Beispiel der wichtige Streckenabschnitt von der Heinrich-Heine-Allee zum Hauptbahnhof fertig gestellt werden. In den 1990er-Jahren folgten weitere Abschnitte, und gerade erst vor Kurzem hat die Wehrhahn-Linie ihren Betrieb aufgenommen. Insofern konnte diese langfristig angelegte Verbesserung des Nahverkehrs-Angebotes lange Zeit den Abwärtstrend im Fahrgastaufkommen der Rheinbahn nicht aufhalten. Bis 1988 war die Anzahl der beförderten Personen auf 161 Millionen gesunken. Das hatte mit dem Sinken der Einwohnerzahl in der Stadt zu tun, aber auch mit dem weiter zunehmenden Individualverkehr und dem weiteren Ausbau des S-Bahn-Netzes.

Ungeachtet dieser negativen Tendenzen wurde weiter in die Busflotte investiert. Das Busnetz war bis 1981 auf immerhin 71 Linien angewachsen. In großen Stückzahlen stand eine Modernisierung des Fahrbestandes an. So wurden zum Beispiel zwischen 1981 und 1985 mehr als 100 Daimler-Benz O 305 und O 305 G angeschafft.

Allmählich setzte indes bei der Nachfrageentwicklung eine Gegenbewegung ein, sodass ab Ende der 1990er-Jahre im gesamten Rheinbahn-Verkehr die Marke von 200 Millionen Fahrgästen wieder dauerhaft übertroffen wurde. Immer größere Staus auf den Straßen, Parkprobleme und ein an vielen Stellen verbessertes Leistungsangebot des öffentlichen Nahverkehrs führten der Rheinbahn neue Kunden zu. Auch im Busverkehr gab es Ansätze einer Aufwertung des Angebots: so beispielsweise bessere Anbindung an S- und U-Bahnen, Einrichtung von Nachtbus-Linien, von „Disco-Linien“ und den Betrieb von Orts- und Stadtteilbussen.

1991: Neue Technik: Niederflurbusse

Auch in punkto Fahrzeugtechnik strebte die Rheinbahn eine Qualitätsverbesserung für ihre Kunden an. 1991 wurden die ersten sechs Niederflurbusse angeschafft, um nicht zuletzt älteren und behinderten Menschen die Fahrt im öffentlichen Nahverkehr zu erleichtern. Diese Fahrzeuge von Neoplan hatten eine Trittstufenhöhe von nur 32 cm, die mittels

Ein Leichtgewicht – aber nur was das Gewicht betrifft: ein VDL Citea auf dem Gelände des Betriebshofs Düsseldorf-Heerdt

Foto: Rheinbahn

einer Absenkvorrichtung weiter reduziert werden konnte. Die erste Serie, bei der die Busse mit ausfahrbarer Rampe bzw. Behindertenlift ausgestattet waren, bewährte sich nicht. Aber die Niederflurtechnik setzte sich in den 1990er-Jahren immer stärker durch, sodass zu Beginn des neuen Jahrzehnts die Busflotte überwiegend aus solchen Fahrzeugen bestand.

2007: Umweltaspekte werden immer wichtiger

Vielfältig sind die Rahmenbedingungen, unter denen das Angebot im Nahverkehr immer wieder neu justiert werden muss. So etwa sorgte im neuen Jahrtausend die hohe Feinstaubbelastung in Düsseldorf für Diskussionen. Die Stadt verabschiedete einen Luftreinhalteplan. Darauf musste die Rheinbahn reagieren. 2007 wurden zunächst 41 neue Niederflurbusse angeschafft, die mit der sogenannten EEV-Technik ausgestattet waren. Mit dieser Technik blieben die Busse bereits unter den Anforderungen der EU-Abgasnorm Euro 5, die erst ein Jahr später in Kraft trat. Die Planung sah vor, dass bis zum Sommer 2008 weitere 74 emissionsarme Fahrzeuge geordert werden sollten, womit dann die gesamte Innenstadt versorgt werden konnte.

2013–2014: Größte Modernisierungsoffensive aller Zeiten

Im Februar 2014 meldete die Rheinbahn: Innerhalb der zurückliegenden 14 Monate wurden 155 neue Busse angeschafft und damit rund 40 Prozent des Busbestandes erneuert. Insgesamt wurden dafür rund 40 Millionen Euro verausgabt. Das war bei den Bussen das größte Investitionsprogramm in der Geschichte des Unternehmens. Die Modernisierungsoffensive wurde mit dem Erwerb von 45 MAN-Gelenkbussen vom Typ Lion's City abgeschlossen. Die 18 m langen Fahrzeuge, die 55 Sitz- und 51 Stehplätze bieten, werden von 360 PS starken Motoren mit 10,5 l Hubraum angetrieben und erfüllen die EEV-Abgasnorm.

Teil des Programms war zuvor die Anschaffung von 50 Fahrzeugen des polnischen Herstellers Solaris, die ebenfalls die EEV-Abgasnorm erfüllen. Hinzu kamen 60 Solobusse der VDL Bus & Coach Deutschland GmbH, Büren. Die Fahrzeuge des Typs VDL Citea LLE wiegen durch eine konsequente Leichtbauweise nur knapp 9 t und verbrauchen dadurch rund ein Fünftel weniger Dieselkraftstoff als herkömmliche Fahrzeuge – dies erlaubt Kostenersparnisse und eine Reduzierung des Schadstoffausstoßes.

2014: Erprobung elektrischer Busse – ein Modell für die Zukunft?

Aktuell hat die Rheinbahn das Thema Elektromobilität wieder auf der Agenda, wie schon in den 1970er-Jahren. Ende September 2014 nahm sie zwei Elektrobusse des polnischen Herstellers Solaris Bus & Coach in Betrieb. Sie werden im Bereich von Düsseldorf-Benrath eingesetzt. Die (inklusive Ladegeräte) rund 760 000 Euro teuren Fahrzeuge des Typs Urbino 12 electric haben eine Reichweite von rund 150 km. Nachts werden sie per Steckerverbindung auf dem Betriebshof der Rheinbahn in Düsseldorf-Benrath nachgeladen. Die eingebauten Lithium-Ionen-Akkus haben eine Kapazität von 210 kWh bei einer Spannung von 660 Volt. Es wird mit einem Verbrauch von rund 150 kWh pro 100 km gerechnet. Die Antriebsausrüstung mit zentralem Asynchronmotor und die Bordnetzversorgung stammen von dem in Düsseldorf ansässigen Unternehmen Vossloh Kiepe GmbH.

Ausblick: Immer neue Herausforderungen für den Nahverkehr – Der Busbetrieb bleibt tragende Säule

Im Laufe der Jahrzehnte hat der Busverkehr auch bei der Düsseldorfer Rheinbahn eine immer größere Bedeutung erlangt und stellt heute und auch mit Blick auf die Zukunft eine tragende Säule im Nahverkehrskonzept des Unternehmens dar – in enger Verzahnung mit dem Straßenbahn- und U-Bahn-Betrieb. Insgesamt ist das Nahverkehrsgeschäft nicht einfacher geworden. Vielfältig sind die Einflussfaktoren, denen bei der Gestaltung des Angebots Rechnung zu tragen ist. Nicht nur die Entwicklung der Nachfrage spielt hier eine Rolle. Auch Faktoren wie die steigenden Umwelt- und Klimaschutzanforderungen und die technologische Entwicklung stellen die Rheinbahn wie auch alle anderen Anbieter im öffentlichen Nahverkehr vor große Herausforderungen. Pünktlichkeit und eine ausreichende Information der Fahrgäste sind für die Zukunft wichtige Themen, bei denen es auch bei der Rheinbahn noch Handlungsbedarf gibt. Und natürlich ist und bleibt der Kostenaspekt ein limitierender Faktor. Angesichts eines operativen Verlustes von knapp 50 Millionen Euro lag 2014 der Kostendeckungsbeitrag der Rheinbahn bei 84 Prozent. Sehr viel höher als dieses betriebswirtschaftliche Defizit, wenn auch nicht konkret zu beziffern, dürfte indes der gesamtwirtschaftliche Nutzen des Bus- und Bahnbetriebs sein – gerade in einer so dicht besiedelten und wirtschaftlich starken Region wie in Düsseldorf und seinen umliegenden Städten und Gemeinden.

Quellen

- Amt für Wahlen und Statistik der Landeshauptstadt Düsseldorf: Statistisches Jahrbuch 2014
- Friedrich Wilhelm Henning: Düsseldorf und seine Wirtschaft. Zur Geschichte einer Region, Düsseldorf 1981
- Richard Jacobi, Dieter Zeh: Die Geschichte der Düsseldorfer Straßenbahn. Von der Pferdetram zur Rheinbahn, Freiburg 1986
- Hermann-Josef Vetten, Dieter Zeh: Vom Hafenmotor zur Niederflurbahn. 125 Jahre Düsseldorfer Nahverkehr im Spiegel der Presse, Düsseldorf 2001
- Knut Simon: Ein Herz für die Schnauze. Büssing-Bus VI GLn, in: Autobild-Klassik, Nr. 4/April 2016
- Rheinbahn AG, Düsseldorf: Diverse Pressemitteilungen
- Rheinbahn AG, Düsseldorf: Jahresabschluss zum Geschäftsjahr vom 1.1.2014 bis zum 31.12.2014, Veröffentlichung im elektronischen Bundesanzeiger
- Marcus Kirzynowski: Alte Busse auf dem Betriebshof Benrath, in: Rheinische Post vom 20.6.2008
- o.V.: Der Omnibusverkehr der Rheinbahn, in: Rheinische Post, 1953
- o.V.: Der erste Gelenkbus in Düsseldorf, in: Düsseldorfer Nachrichten vom 11.5.1961
- o.V. : Schon 1907 fing es an … Von der ersten Linie nach „Kappes-Hamm" bis zum Jahre 1945. Aus der Geschichte unseres Omnibusbetriebs, in: Das Rad, Ausgabe 11/1962
- o.V.: 300 Daimler-Benz-Omnibusse bei der Rheinbahn, in: Das Rad, Ausgabe 2/1986
- o.V.: Busveteran der Rheinbahn erreichte ungewöhnliche Leistung. Eine Million Kilometer im Linienverkehr, in: Das Rad, Ausgabe 1/1989
- o.V.: Mit Rampe und Lift: Neue Fahrzeuggeneration bei der Rheinbahn, in: Das Rad, Ausgabe 3/1991
- o.V.: Stationen aus 85 Jahren Rheinbahn-Geschichte – 3. Teil, in: Omnibusspiegel, Ausgabe 3/2015

Solaris-Elektrobusse vom Typ Urbino 12 electric – Beginn einer neuen Ära? *Foto: Rheinbahn*

Stefan Limburg

Der Postautobetrieb im Fürstentum Liechtenstein

Das Fürstentum Liechtenstein ist mit einer Fläche von nur 160 km² der viertkleinste Staat Europas und der sechstkleinste Staat der Welt. Seine Landesgrenzen umfassen rund 78 km, von denen er sich 41 km mit der Schweiz und 37 km mit Österreich teilt. Nur zehn Prozent der Landesfläche sind Siedlungsgebiet, in dem knapp 36 000 Einwohner leben. Das Oberland besteht aus den Gemeinden Balzers, Planken, Schaan, Triesen, Triesenberg und Vaduz, das Unterland aus Eschen, Gamprin, Mauren, Ruggell und Schellenberg. Der Schweizer Franken ist seit 1924 die gesetzliche Währung im Fürstentum Liechtenstein. Seitdem besteht mit der Schweiz auch eine Zollunion, sodass an deren Grenzen keine Zollämter zu finden sind. An den liechtensteinischen Grenzen zu Österreich sind hingegen schweizerische Zollämter eingerichtet.

Das Postwesen als Grundstein des Nahverkehrs

Das Postwesen, das in untrennbarem Zusammenhang mit der Entwicklung zum heutigen Autobusbetrieb steht, kann in Liechtenstein auf eine 200-jährige Geschichte zurückblicken. Zwar führten bereits seit 1496 internationale Postkutschen-Verbindungen durch das Land, die aber keine regionalen Verbindungen bedienten. Am 1. September 1817 wurde in Balzers eine erste k. k. österreichische Briefsammlung eingerichtet, die aber im Sommer 1819 bereits wieder aufgegeben wurde; erst zum 1. Januar 1827 erfolgte die erneute Einrichtung eines Postamtes, wieder in Balzers. Die Briefsammlung Vaduz eröffnete 1845, weitere Postbureaus unter österreichischer Verwaltung folgten bis 1911. Der Postvertrag mit Österreich endete zum 29. Februar 1920. Als nun eigenständige Postbehörde schloss Liechtenstein daraufhin einen ab 1. Februar 1921 geltenden Postvertrag mit der Schweiz ab. Die Geschichte des liechtensteinischen Postautoverkehrs kann aber auch nicht ohne einen

Posten.

Schaan-Vaduz (Liechtenstein) 4 Klm.

6-malige Postbotenfahrt.

Vaduz ab .	7.05	9.30	10.50*	12.20*	3.50	6.00
Schaan an	7.25	9.50	11.10	12.40	4.10	6.20
Schaan ab	8.00	10.20	11.30*	12 50*	4.45	8.10
Vaduz an .	8.20	10.40	11.50	1.10	5.05	8.30

* Vom 1. Juli bis 15. September.

Von Vaduz nach Balzers 8 Klm.

2-malige Postbotenfahrt.

Vaduz ab . .	11.00	5.30	Balzers ab .	5.35	2.15
Triesen „ . .	11.30	6.00	Triesen „ .	6.15	2.55
Balzers an .	12.05	6.35	Vaduz an . .	6.40	3.20

Im Sommer 1905 sieht der Fahrplan bereits ein dichtes Fahrtenangebot zwischen Vaduz und Schaan sowie zwei tägliche Kurspaare zwischen Vaduz und Balzers vor

Archiv Stefan Limburg, Quelle: Liechtensteiner Volksblatt vom 12.05.1905

Ankündigung.

Mit 1. August 1863 begann auf der Route zwischen Feldkirch und Balzers folgende neue Post-Cours-Ordnung, in Verbindung mit den Eisenbahnzügen in Trübbach (Schweiz.)

Abfahrt von Balzers täglich 7 Uhr früh; Ankunft in Feldkirch um 9 Uhr 20 M. Vormittag.

Abfahrt von Feldkirch täglich 2 Uhr Nachmittag; Ankunft in Balzers um 4 1/2 Uhr Nachmittag.

Ankunft in Trübbach um 5 Uhr Abends.

Passagiers-Taxe von Feldkirch bis	Schaanwald	15 kr.
„ „ „	Nendeln	20 „
„ „ „	Schaan	40 „
„ „ „	Vaduz	50 „
„ „ „	Triesen	60 „
„ „ „	Balzers	75 „
„ „ „	Trübbach	90 „

östr. W. inklusive der Ueberschiffungs-Gebühr.

An Gepäck sind 30 Pfund frei.

Fahrplan der ersten Pferdepost-Verbindung mit Fahrgastbeförderung aus dem Sommer 1863. Die Fahrpreise sind in Kreuzern der damals gültigen österreichischen Gulden-Währung genannt

Archiv Stefan Limburg, Quelle: Liechtensteinische Landeszeitung vom 29.08.1863

Blick auf die durch Liechtenstein und an Liechtenstein vorbeiführenden Eisenbahnstrecken dargestellt werden. Die ersten Züge in Nähe des Fürstentums fuhren seit Sommer 1858 auf schweizerischer Seite entlang des Rheins. Mittels der seit mehr als eintausend Jahren über den Rhein setzenden Fähren waren die Stationen in Trübbach, Sevelen, Buchs, Haag und Salez erreichbar. Die heute durch das Fürstentum Liechtenstein führende Eisenbahnstrecke gehört den Österreichischen Bundesbahnen (ÖBB) und wurde 1872 durch die k. k. privilegierte Vorarlbergerbahn in Betrieb genommen. Die liechtensteinischen Bemühungen, diese Linie von Feldkirch über Vaduz nach Schaan zu führen, waren gescheitert. So wurde geplant, eine meterspurige Eisenbahnlinie in direktem Anschluss an die Rhätische Bahn in Landquart zu bauen – diese sollte ab Maienfeld über Fläsch, Balzers und Vaduz nach Schaan geführt werden. In Bern stand man diesem Projekt aufgeschlossen gegenüber und erteilte 1905 eine Konzession für das schweizerische Teilstück. Auf Drängen der Schweizerischen Bundesbahnen, die damals offenbar die Konkurrenz im Rheintal fürchteten, wurde diese Genehmigung allerdings bereits nach nur zwei Jahren widerrufen.

Ab dem 1. August 1863 beförderte die Pferdepost zwischen Balzers und Feldkirch neben Postsendungen und Zeitungen erstmals Fahrgäste. Auf seiner nachmittäglichen Rückfahrt stellte diese in Trübbach gar einen Anschluss an die Züge Richtung Chur, Glarus und Rapperswil dar. Dieser Moment war, abgesehen von den bereits erwähnten Fähren, die Geburtsstunde des öffentlichen Verkehrs im Fürstentum Liechtenstein. 1899 bot der Fahrplan immerhin schon vier Fahrtenpaare zwischen Vaduz und Schaan sowie zwei Fahrtenpaare zwischen Vaduz und Balzers an. Im Sommer 1914 traten dann erste Anzeichen auf, dass die Zeit der Pferdeposten in Liechtenstein sich dem Ende nähern könnte. Der Unternehmer Franz Barbisch aus Rankweil, der auf Vorarlberger Seite schon eine Automobillinie betrieb, bewarb sich um eine Konzession für den Verkehr eines Automobilomnibusses von Feldkirch über Schaanwald, Nendeln, Schaan, Vaduz und Triesen nach Balzers. Die aufkommenden politischen Turbulenzen in der österreichisch-ungarischen Doppelmonarchie ließen nicht nur dieses Projekt scheitern. Trotz des Krieges im benachbarten Österreich und der damit auch in Liechtenstein zu spürenden Einschränkungen, wie etwa im drastisch reduzierten Bahnverkehr zwischen Feldkirch und Buchs, wurde 1916 der Ruf nach einem wesentlichen Ausbau der Fahrposten laut. Vor allem sollten alle Gemeinden im Unterland und auch Triesenberg an den Verkehr angeschlossen werden. Aber infolge einer Neuvergabe zum 1. Juli 1917 kam es statt zu einem Ausbau der Pferdepostverbindungen zum Gegenteil. Der neue Unternehmer besorgte nur noch den Postsachentransport, den Personentransport übernahm er nicht. Somit waren die verbliebenen Zugfahrten zwischen Buchs und Feldkirch das einzige Verkehrsangebot. In den Gedanken einiger Pioniere wurden daher neben anderen Eisenbahnstrecken auch der Automobilbetrieb flächendeckend eingeführt und Tramlinien durch Liechtenstein geplant. Im Herbst 1920 bekundeten drei Unternehmer Interesse an einer Konzession für einen liechtensteinischen Automobilverkehr. Einer davon war die Schweizer Post, die ihren Kraftwagenbetrieb vom Werdenberg aus über die Grenze bei Haag ins liechtensteinische Unterland ausdehnen wollte. Über einen für Anfang Oktober 1920 einsetzenden Automobilverkehr von Schaan nach Eschen und Balzers – nur an Sonntagen bei guter Witterung und genügend Zuspruch – kam das Interesse aber nicht hinaus. Erst mit dem Start der regelmäßigen Fahrten von Kraftwagenkursen im März 1922 war die Zeit der Spekulationen um die Wiedereinrichtung der Pferdeposten in Liechtenstein endgültig beendet.

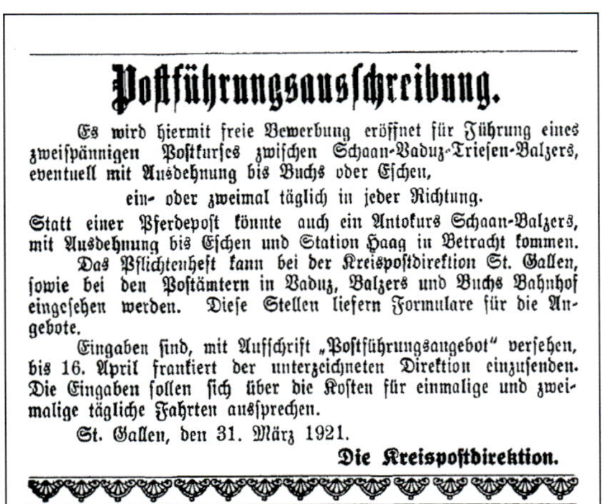

Postführungsausschreibung.

Es wird hiermit freie Bewerbung eröffnet für Führung eines zweispännigen Postkurses zwischen Schaan-Vaduz-Triesen-Balzers, eventuell mit Ausdehnung bis Buchs oder Eschen,

ein- oder zweimal täglich in jeder Richtung.

Statt einer Pferdepost könnte auch ein Antokurs Schaan-Balzers, mit Ausdehnung bis Eschen und Station Haag in Betracht kommen.

Das Pflichtenheft kann bei der Kreispostdirektion St. Gallen, sowie bei den Postämtern in Vaduz, Balzers und Buchs Bahnhof eingesehen werden. Diese Stellen liefern Formulare für die Angebote.

Eingaben sind, mit Aufschrift „Postführungsangebot" versehen, bis 16. April frankiert der unterzeichneten Direktion einzusenden. Die Eingaben sollen sich über die Kosten für einmalige und zweimalige tägliche Fahrten aussprechen.

St. Gallen, den 31. März 1921.

Die Kreispostdirektion.

Im März 1921 suchte man in Liechtenstein nach einer Lösung, den 1917 eingestellten Pferdepost-Betrieb wiederzubeleben oder einen Autobusbetrieb ins Leben zu rufen. Wie bereits in den vorhergehenden Jahren blieb der Aufruf erfolglos

Archiv Stefan Limburg, Quelle: Liechtensteiner Volksblatt vom 02.04.1921

Kraftwagen-Kurse im Fürstentum Liechtenstein

Fahrplan

vom 15. März 1922 an bis auf weiteres.

Höhe ü. M.	km	Taxe	1	3		2	4
450			6^{55}	14^{35}	ab Eschen Post an	10^{50}	18^{60}
446	1,8	–.80	7^{08}	14^{48}	Bendern	10^{42}	18^{42}
452	6,8	–.90	7^{20}	15^{00}	an Schaan Stat. ab	10^{25}	18^{25}
				15^{11}	nach Feldkirch nach	10^{12}	17^{57}
			7^{80}	15^{51}	„ Buchs „		18^{15}
452	6,8	–.90	7^{40}	15^{20}	ab Schaan Stat. an	10^{00}	17^{45}
			7^{45}	15^{80}	↓ „ Post ↑	9^{58}	17^{48}
460	10,6	1.30	8^{00}	15^{45}	Vaduz „	9^{35}	17^{25}
466	13,8	1.70	8^{15}	16^{00}	Triesen „	9^{20}	17^{10}
481	18,9	2.30	8^{35}	16^{20}	an Balzers „ ab	9^{00}	16^{50}

Die Kurse verkehren nur an Werktagen und an Feiertagen; an gewöhnlichen Sonntagen ist der Betrieb eingestellt.

St. Gallen, den 27. Februar 1922.

154 Die Kreispostdirektion.

Fahrplan der ersten Kraftwagenlinie in Liechtenstein vom März 1922 mit Entfernungs- und Fahrpreisangaben

Archiv Stefan Limburg, Quelle: Oberrheinische Nachrichten vom 08.03.1922

Die Epoche der Kraftwagenkurse

Am 15. März 1922 verkehrte der erste Kraftwagenkurs zwischen Eschen und Balzers, der durch den Vaduzer Postautohalter Alfred Hüsler bedient wurde, und war somit das erste planmäßig fahrende Postauto im Fürstentum Liechtenstein. Bereits im Sommer desselben Jahres wurde die Strecke auf die Relation Mäls–Schaanwald ausgedehnt. Die Fahrten erfolgten nur an Werk- und Feiertagen, nicht aber an Sonntagen. Der grenzüberschreitende Verkehr begann im Sommer 1925, als die ersten Fahrten ins schweizerische Buchs geführt wurden. Nach diesen anfänglichen Streckenerweiterungen nahmen im Frühjahr 1927 die Planungen für einen separaten Autokurs im Unterland konkrete Formen an. Nach der Ausschreibung durch die fürstliche Regierung nahm Ende August 1927 der Rankweiler Konzessionär Josef Barbisch den Betrieb der neuen Linie Feldkirch–Schaan–Buchs auf. Im Gegensatz zu den anderen liechtensteinischen Kursen verkehrten diese auch sonntags. Anfang September wurde der Oberland-Kurs über seine bisherige Endstation Mäls hinaus bis Trübbach verlängert. Wenig später musste unwetterbedingt ein Notfahrplan in Kraft gesetzt werden: Das verheerende Hochwasser des Rheins sorgte am

Automobilkurs im Sommer 1923 vor dem Gasthof Post in Balzers

ETH-Bibliothek Zürich, Bildarchiv

25. September 1927 für den Einsturz der Brücke zwischen Buchs und Schaan sowie für eine Unpassierbarkeit der Brücke zwischen Mäls und Trübbach. Provisorisch eingerichtete Fahrpläne ließen die Oberländer Kurse nur noch auf direktem Weg zwischen Schaan und Mäls verkehren, während sie in der Gegenrichtung den Umweg zwecks Bahnanschluss über Sevelen nahmen. Die aus Feldkirch kommenden Unterland-Kurse endeten bereits in Schaan. Ab Anfang Oktober wurde der Anschluss an die Züge der Schweizerischen Bundesbahnen (SBB) in Sevelen dahingehend hergestellt, dass die Feldkircher Autokurse ab Schaan über Vaduz nach Trübbach verlängert wurden. Die Oberländer Fahrten führten nun in beiden Richtungen auf direktem Weg nach Schaan und konnten wieder ab beziehungsweise bis Trübbach verkehren. Nach diesen ungeplanten Beeinträchtigungen wurde ab Mitte Oktober 1927 auch auf dem Oberländer Postautokurs der Verkehr an den Sonntagen eingeführt. Ein weiterer Ausbau des Linienverkehrs folgte im Juni 1929, als die vom Vaduzer Autounternehmen Frommelt betriebene Strecke Sevelen–Vaduz–Triesenberg den Verkehr aufnahm. Im Gegensatz zur heutigen Linienführung verkehrten die Kurse ab Vaduz über Mühleholz und vorbei am Schloss, da die Meierhofstrasse noch nicht als Fahrstraße ausgebaut war.

Eine Normalisierung des Betriebes brachte Mitte August 1929 die Inbetriebnahme der neuen Rheinbrücke bei Schaan mit sich; alle Kurse konnten wieder auf den vorgesehenen Routen verkehren. Im liechtensteinischen Berggebiet wurden im Sommer 1930 einige Fahrten über Triesenberg hinaus bis zum Gasthaus Samina verlängert. Dieses Angebot wurde ab Juni 1932 durch die Firma Frommelt ausgebaut, die in Triesenberg einzelne Fahrten im Anschluss an das Postauto mit Ziel Sücka–Steg und bei Bedarf weiter bis Malbun anbot. Das weckte bei den Fahrgästen das Verlangen nach Verbindungen auch zu anderen Ausflugszielen. Entgegen des Wunsches einiger Unterländer Gemeinden, Anschluss an den öffentlichen Verkehr zu erhalten, wurde Anfang 1933 aber das Konzessionsgesuch für eine Linie zur Erschließung von Gamprin, Ruggell und Schellenberg abgelehnt. Im Berggebiet, wo touristisches Potenzial in den Fahrten steckte, wurde das Fahrtenangebot hingegen weiter ausgebaut. Ab Mitte Mai 1933 wurden die Kurse Triesenberg–Kurhaus Samina über Masescha bis zum Kurhaus Gaflei verlängert. In den folgenden Jahren gab es nur geringfügige Anpassungen im bestehenden Angebot, das bisher gewachsene Liniennetz hatte sich

Amtliches.

Zl. 1907/Reg.

Kundmachung.

Es kommt vielfach vor, daß Fuhrwerke dem Postauto nicht rechtzeitig ausweichen und deshalb der fahrplanmäßige Postautokurs gestört wird.

Die fürstl. Regierung findet sich daher bestimmt, darauf aufmerksam zu machen, daß jedes Fahrzeug dem Postauto rechtzeitig auszuweichen hat. Zuwiderhandelnde und besonders auch solche, die ihre Fuhrwerke usw. unbeaufsichtigt lassen, werden unnachsichtlich bestraft werden.

Fürstliche Regierung.

Vaduz, am 4. Juni 1923.

gez. **Schädler**

Die Privilegien des neuen Postautos waren seinerzeit nicht allen Führern der Pferdefuhrwerke bekannt. Die fürstliche Regierung sah sich daher im Sommer 1923 genötigt, einen entsprechenden Hinweis zu veröffentlichen

Archiv Stefan Limburg, Quelle: Liechtensteiner Volksblatt vom 06.06.1923

Omnibus-Verkehr.

Sevelen — Vaduz — Triesenberg

Gültig ab 1. Juni 1929

7.00	11.00	16.40	19.30	↓	ab	Triesenberg	an	↑	7.00	9.20	13.55	19.30
7.20	11.20	17.00	19.50		„	Rotes Haus	ab		6.40	9.00	13.35	19.10
7.25	11.25	17.05	19.55		„	Mühleholz	ab		6.35	8.55	13.30	19.05
7.30	11.30	17.10	20.00		an	Vaduz Post	ab		6.30	8.50	13.25	19.00
	12.40	17.15			ab		an			8.40	13.15	18.30
7.40	12.50	17.25			an	Sevelen	ab			8.30	13.05	18.20

Haltestellen nach Verlangen

Vaduz: Au — Adler — Löwen — Falknis — Schlößle.

Fahrplan der Linie Sevelen–Triesenberg vom Sommer 1929. Anhand der Führung über die Haltestelle Rotes Haus ist der Weg nach Triesenberg über die Schlossstrasse erkennbar

Archiv Stefan Limburg, Quelle: Liechtensteiner Nachrichten vom 01.06.1929

Auf der Linie Sevelen–Vaduz–Triesenberg zeigen sich die Brüder Otto und Eugen Frommelt vor ihrem ersten Postauto, einem 16-plätzigen Mercedes-Benz. Seit 1928 war das Unternehmen in Diensten des liechtensteinischen Linienverkehrs von Vaduz aus unterwegs. Erst 2001 zog man sich aus diesem Geschäftsfeld zurück *Archiv Stefan Limburg*

Neuer Postautokurs

Ab 24. Dezember fährt das Unterländer Postauto wieder nach Feldkirch nach folgendem Fahrplan:

Buchs	ab			12.00		18.55
Vaduz	ab	8.10		12.00		18.55
Schaan	ab	8.20		12.15		19.10
Bendern	ab	8.30	Nendeln ab	12.30	Bendern ab	19.20
Eschen	ab	8.35		12.35		19.25
Mauren	ab	8.40		12.40		19.30
Zollamt Tisis	ab	8.45		12.45		19.35
Feldkirch	an	9.00		13.00		19.55
Feldkirch	ab	9.10		13.05		20.05
Zollamt Tisis	ab	9.25		13.20		20.20
Mauren	ab	9.30		13.25		20.30
Eschen	ab	9.35		13.30		an
Bendern	ab	9.40		13.35		
Schaan	ab	9.50		13.45		
Vaduz	an	10.00		13.55		
Buchs	an			13.55		

Nach Bedarf bei Veranstaltungen Abfahrt von Feldkirch 22.30 Uhr

An jenen Tagen, an denen der Mittagszug Feldkirch-Buchs nicht verkehrt, wird ein Postautokurs: Eschen ab 13.30 Uhr über Nendeln geführt.

2765 **Liechtensteinische Verkehrskommission.**

Am Heiligabend des Jahres 1946 nahmen nach Ende des Zweiten Weltkrieges die Postautos wieder die regelmäßigen Fahrten ins österreichische Feldkirch auf

Archiv Stefan Limburg, Quelle: Liechtensteiner Vaterland vom 28.12.1946

etabliert. Erst der Einmarsch deutscher Truppen in Österreich im März 1938 sorgte für einschneidende Veränderungen beim liechtensteinischen Kraftwagenverkehr. Mit Ausbruch des Zweiten Weltkriegs am 1. September 1939 wurden Ende desselben Monats Einschränkungen in den Fahrplänen notwendig. Das Fahrtenangebot zwischen Buchs und Trübbach wurde ausgedünnt sowie der Abschnitt Sevelen–Vaduz aufgehoben. Auf der Unterländer Linie wurden die Fahrten nach Feldkirch aufgegeben und der Betrieb auf dem Abschnitt Buchs–Mauren beschränkt. Benzinknappheit und Reifenmangel machten darüber hinaus 1942 weitere Einschränkungen im Fahrtenangebot nötig.

Wegen der schwierigen Witterungsverhältnisse auf dem Weg von Vaduz am Schloss vorbei nach Triesenberg wurden die Kurse ab Winter 1942/43 fallweise über die nun zur Verkehrsstraße ausgebaute Meierhofstrasse umgeleitet. Aus der Bevölkerung wurde damals schnell der Ruf laut, diese Linienführung dauerhaft beizubehalten. Ehe es aber zu Optimierungen für die Fahrgäste kam, waren weitere Einschränkungen nötig. Ab Februar 1944 fielen aus kriegsbedingten Gründen alle Kursfahrten an Sonntagen aus. Lediglich an den Weihnachtsfeiertagen und am Neujahrstag durften die Postautos verkehren. Erst Anfang Oktober 1945, also rund ein halbes Jahr nach Kriegsende, wurde dieses sonntägliche Fahrverbot wieder aufgehoben. Ab dem 6. Mai 1946 erfolgte dann die Inbetriebnahme der langersehnten Fahrten auf den Schellenberg. Die Kurse verkehrten planmäßig ab Mauren über Schellenberg und Ruggell nach Bendern. Zum Leidwesen der Gemeinde Gamprin wurde diese zunächst nicht angefahren, sondern erst ab dem folgenden Jahr durch Postautokurse bedient. Ab Heiligabend 1946 fanden dann auch wieder die grenzüberschreitenden Fahrten nach Feldkirch statt. Nachdem im Herbst 1948 der Beschluss gefasst worden war, den Autobusbetrieb durch die Generaldirektion der schweizerischen Post an die bisherigen Konzessionäre zu vergeben, wurden zum 1. Juli 1949 die Kurse vom liechtensteinischen Staat übernommen und die Verwaltung der Direktion St. Gallen der Schweizerischen Post-, Telefon- und Telegrafenbetriebe (PTT) übertragen. Nur die Fahrten von Triesenberg nach Sücka und Gaflei blieben als konzessionierte Linien bestehen und wurden weiterhin von der Firma Frommelt bedient.

Mit Wirkung vom Neujahrstag 1951 wurde die Straße Mühleholz–Schloss–Triesenberg zur Einbahnstraße erklärt. Für die Talfahrt mussten die Postautokurse fortan stets den Weg über die Meierhofstrasse nehmen. Damit erhielt der Bereich Meierhof seinen lang geforderten Anschluss an den planmäßigen Busverkehr vorerst zumindest bei der Talfahrt von Triesenberg. Nach nur kleineren Angebotsveränderungen kam es erst zum 1. Januar 1960 wieder zu einer Netzerweiterung. Nachdem Ende 1938 der Streckenabschnitt Sevelen–Vaduz stillgelegt worden war, wurde der Linienbetrieb dort mit zwei Kurspaaren wieder aufgenommen. Mangels Inanspruchnahme dauerte der Verkehr aber nur bis zum 1. Juli desselben Jahres. Mit Beginn des Sommerfahrplans 1962 erfolgten die Fahrten zwischen Vaduz und Triesenberg dann in beiden Richtungen über Meierhof. Die Führung am Schloss Vaduz vorbei wurde ersatzlos aufgehoben. Für den Skibusverkehr im Bereich des Wintersportortes Malbun erhielt die Firma Sele aus Triesenberg im Dezember 1964 eine Konzession für eine Linie von Schaan nach Malbun. Die nächste größere Veränderung im Liniennetz erfolgt dann zum 30. Mai 1965: Die Linie Vaduz–Trübbach wurde bis zum Bahnknoten Sargans verlängert. Zum Schutz des

Der Mercedes-Benz O 305 OM360h mit der Zulassung FL 2609 (Baujahr 1973) von Postautohalter Otto Frommelt, aufgenommen im Sommer 1974 am Bahnhof Schaan. Der Bus führt einen Anhänger für den Postsachen-Transport mit
Matthias Winkelmann, mit freundlicher Genehmigung

Neben einem Mercedes-Benz O 305 wartet im Sommer 1974 der Saurer-Autobus FL 2706 von Otto Frommelt in der alten Lackierung der Postautohalter-Fahrzeuge an der Haltestelle Vaduz Post
Matthias Winkelmann, mit freundlicher Genehmigung

Der Wagen 15 der Firma Frommelt aus Vaduz mit dem Kennzeichen FL 3289 war ein Mercedes-Benz O 305 G OM407hA des Baujahres 1979, der hier als Werbemotiv des Herstellers diente
Archiv Stefan Limburg, Foto Mercedes-Benz

SBB-Bahnverkehrs durfte auf dem neu bedienten Teilstück zwischen Trübbach und Sargans aber nicht auf das Postauto zugestiegen werden. Im Juni 1967 endete der konzessionierte Betrieb der nur saisonal betriebenen Linie Triesenberg–Gaflei, die nun auch von den PTT übernommen wurde. Auf Wunsch der fürstlichen Regierung wurde ab 31. Mai 1970 eine Postautolinie zwischen Schaan und Planken eingerichtet. Der Plankner Hotelier Karl Jehle wurde Postautohalter für die neue Linie. Damit erhielt nun auch die hoch über dem Rheintal gelegene Gemeinde ihren Anschluss an den öffentlichen Verkehr.

Am 14. August 1970 stürzte, wie schon im September 1927, erneut die Rheinbrücke zwischen Schaan und Buchs ein. Die nochmalige Unterbrechung des direkten Verkehrs zwischen den beiden Orten machte bis zum Nikolaustag desselben Jahres eine Führung der Postautokurse über Bendern und Haag zum Bahnhof Buchs notwendig. Ab 1971 hielt auch die klassische Farbgebung der schweizerischen

Am 26. Juli 1995 zeigt sich der ehemalige Regiewagen P 24'200 in Diensten von Postautohalter Frommelt an der Post Vaduz vor der Fahrt nach Triesenberg Steinort. Der 1979 gebaute Saurer RH525-23 D3KTU-B mit Hess-Karosserie wurde 1995 übernommen und als Nummer 20 mit der liechtensteinischen Zulassung FL 2601 eingereiht

Markus Doyon, mit freundlicher Genehmigung

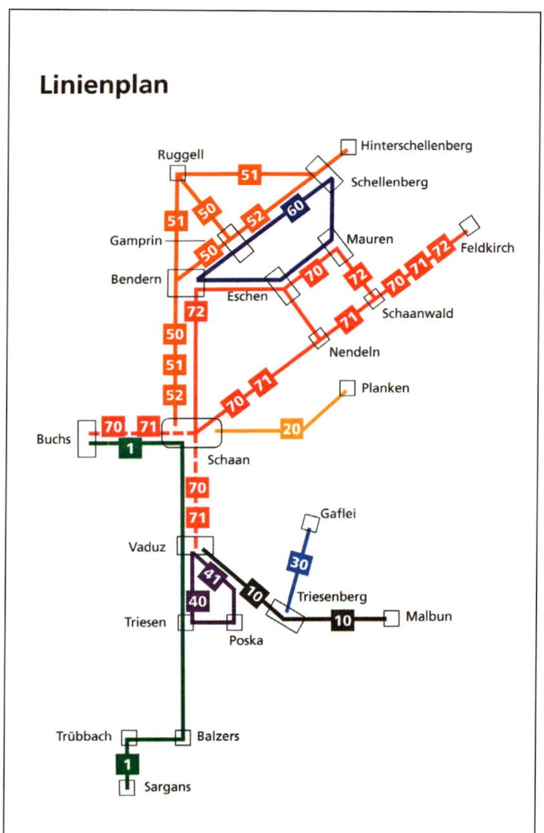

Das liechtensteinische PostAuto-Liniennetz von 1997 mit den damals verwendeten Liniennummern

Quelle: Postauto-Fahrplan Fürstentum Liechtenstein 1997/1998

Postautos in Liechtenstein Einzug. 1959 hatten die Wagen der Postautohalter ihre individuelle Farbgebung aufgeben und einheitlich in Ockergelb lackiert werden müssen. Nun durften auch sie die gelbe Lackierung mit rotem Streifen tragen. Die Einschränkung, dass zwischen Trübbach und Sargans nicht auf die Kurse der fürstlich-liechtensteinischen Post zugestiegen werden durfte, endete mit Ablauf des 27. Mai 1972. Vom folgenden Tag an war der uneingeschränkte Zustieg auf dem gesamten Linienweg zulässig. Der Skibusbetrieb ins Malbun, bislang als konzessionierte Linie betrieben, wurde zur Saison 1973/74 ebenfalls von den PTT übernommen. Die zweite Hälfte der 1970er-Jahre stand im Zeichen weiterer Kapazitätsausbauten. Auf den Tallinien wurden ab 1975 erstmals zwei je 350 000 Franken teure Gelenkautobusse eingesetzt, die von der Firma Gebrüder Tüscher & Co. in Zürich auf Mercedes-Benz-Fahrgestellen aufgebaut worden waren. Zudem wurden ab Oktober 1978 auf dem österreichischen Teilstück zwischen Feldkirch und Tisis vier zusätzliche Lokalkurspaare angeboten, die vom Postautodienst Feldkirch im Auftrag der liechtensteinischen Post geführt wurden. Am ersten Aprilsonntag 1980 wurde in Österreich, wie schon ab 1916 und in den 1940er-Jahren, neben weiteren europäischen Staaten die Mitteleuropäische Sommerzeit eingeführt. Da die Schweiz diese Regelung erst zum Frühjahr 1981 umsetzte, waren im Sommer 1980 Fahrplananpassungen not-

FL 3289 war ein Mercedes O 405 N² OM447hLA aus dem Baujahr 1997 der Vaduzer Firma Frommelt. Am 26. Juni 1999 stand dieser Wagen als Linie 1 am Bahnhof Sargans. Im Jahr 2001 gelangte der Wagen zur Ivo Matt AG und fuhr unter dem Kennzeichen FL 28'505 noch eine Weile in der damals begonnenen Ära der Liechtenstein Bus Anstalt

Markus Doyon, mit freundlicher Genehmigung

Zum Zeitpunk der Aufnahme bereits zehn Jahre alt war der Setra S 215 SL OM447hA FL 2605 von Otto Frommelt. Das Foto entstand am 26. Juni 1999 am Bahnhof Sargans. Nach Ausscheiden der Firma Frommelt aus den Diensten des liechtensteinischen Linienverkehrs gelangte der Wagen 2001 an das belgische Unternehmen Voyages Lenoir

Markus Doyon, mit freundlicher Genehmigung

wendig. Die Schweiz und das Fürstentum Liechtenstein waren eine Zeitinsel, beim Grenzübertritt mit Österreich kam es zu einer Verschiebung um eine Stunde. Der Fahrplan der Linie Buchs–Feldkirch wurde neu erstellt, einige Fahrten wurden zeitverschoben durchgeführt, andere Kurse wiederum doppelt geführt. War bislang der Verkehr nach Malbun im Frühjahr und Herbst eingestellt, verkehrten ab dem Winterfahrplan 1983/84 erstmals ganzjährig Kurse ins Berggebiet. Der seit 1964 während der Wintersportsaison geführte Skibus Malbun wurde ungeachtet dessen weitergeführt.

Mit Start des Sommerfahrplans 1987 wurde das Kursangebot im Hinblick auf den bevorstehenden Nulltarif, der auf entsprechenden Antrag des liechtensteinischen Landtags durchgeführt werden sollte, um knapp 30 Prozent erhöht. Dieser Nulltarif wurde ab dem 1. Januar 1988 versuchsweise auf allen Postautolinien in Liechtenstein eingeführt. Zuvor nutzten nur etwa 40 Prozent der Landesbevölkerung regelmäßig das Postauto. Auf lange Sicht konnten einige Pendler zum Umstieg auf den öffentlichen Verkehr bewogen und die Nutzung des Postautos vor allem im Freizeitverkehr gesteigert werden. Insgesamt gesehen hatte der Privatverkehr auf den liechtensteinischen Straßen aber nicht abgenommen. Teilweise kam es durch übermäßige Nutzung der Postautos zu Problemen im Betrieb. Mit Ablauf des Nulltarifversuches zum Jahresende 1988 wurde zum 1. Januar 1989 ein einfacher Zwei-Zonen-Tarif mit Einzelfahrten zu ein und zwei Franken sowie günstigen Monats- und Jahresabonnements eingeführt.

Die Liechtenstein Bus Anstalt

Als das Fürstentum Liechtenstein am 1. Mai 1995 dem Europäischen Wirtschaftsraum beitrat, hatte das auch weitreichende Folgen für den öffentlichen Verkehr. Die traditionelle Zusammenarbeit zwischen der Schweiz und dem Fürstentum Liechtenstein – zwischen beiden Staaten bestand von 1924 bis 1999 ein Staatsvertrag, der auch den öffentlichen Personentransport regelte – musste neu strukturiert werden. 1998 wurde die Einrichtung der Liechtenstein Bus Anstalt (LBA) beschlossen. Im Februar 1999 wurde der Verwaltungsrat der LBA eingesetzt und im Juli 1999 die LBA als selbstständige Anstalt des öffentlichen Rechts im Handelsregister eingetragen. Ab dem 1. Januar 2000 übernahm die LBA dann die operative Vertragsführung mit den Postautohaltern Frommelt, Jehle, Matt und Schädler. Die Gesamtverantwortung für den Linienbusverkehr in Liechtenstein oblag somit der neu gegründeten Gesellschaft. Mitte Februar erfolgte aufgrund der Gesetzeslage die Ausschreibung des gesamten Linien- und Schulbusverkehrs. Die Vergabe an die Schweizerische Post erfolgte am 23. Mai 2000 mit Vertragsbeginn im Juni 2001. Die LBA machte sich an die Aufgabe, die Aufnahme des Betriebes vorzubereiten und ein einheitliches Erscheinungsbild festzulegen. Dabei stand auch die zukünftige Farbe der Fahrzeuge zur Debatte. In Zusammenarbeit mit einem Nidwaldner Marktforschungsinstitut wurde eine Umfrage gestartet, bei der die Farben Blau, Rot, Grün, Lime und Silber zur Debatte standen. Die Entscheidung fiel zugunsten des Gelbtons Lime, der unter den Aspekten der Verkehrssicherheit, Wiedererkennbarkeit und Eigenständigkeit am besten bewertet wurde. Da die Zusammenarbeit der LBA mit der Otto Frommelt Anstalt in Vaduz nicht zustande kam, wurde der Betrieb an die Ivo Matt AG in Mauren übergeben, der die Garage in Vaduz, die Chauffeure und einen Teil der Fahrzeuge übernahm. Passend zum Beginn des Betriebsdurchführungsvertrages am 1. Juni 2001 wurden die ersten limefarbenen Omnibusse mit Erdgasmotoren in Betrieb genommen. Von jenem Zeitpunkt an war auch das Personal bei der PostAuto Liechtenstein Anstalt angestellt und nicht mehr bei den jeweiligen Postautohaltern. Nahe der Garage Vaduz wurde von der Liechtensteinischen Gasversorgung im Heuweg eine Erdgastankstelle eröffnet. Insgesamt gingen 2001 zunächst 19 sowie zwischen 2006 und 2009 weitere zwölf Fahrzeuge mit Erdgasantrieben in Betrieb.

Die im Jahre 2000 eingerichtete Linie 9 Nendeln–Eschen–Bendern–Haag (CH)–Bendern als grenzüberschreitende Verbindung mit Bahnanschluss in der Schweiz bewährte sich nicht und wurde auf dem schweizerischen Teilstück mangels Nachfrage wieder eingestellt. Im Mai 2004 wurde die Linie 11 Triesen–Vaduz–Sevelen eröffnet und somit nach 1929 und 1960 der dritte Versuch einer Anbindung Sevelens an Vaduz unternommen. Für den konzessionierten Betrieb bewarben sich sechs Transportunternehmen, von denen die Ivo Matt AG aus Mauren im März den Zuschlag erhielt. Die gute Inanspruchnahme dieser Linie machte ab dem 13. Dezember 2004 eine Fahrplanerweiterung notwendig, und im Frühjahr 2005 wurde beschlossen, diese dauerhaft beizubehalten. Auch in den anderen Teilen des liechtensteinischen Busverkehrs ging die Entwicklung weiter. Nach umfangreichen Prüfungen ging mit Fahrplanwechsel am 10. Dezember 2006 ein neues Liniennetz in Betrieb, das noch stärker als bisher bedarfsorientiert war. Aufgrund des steigenden Fahrgastaufkommens auch auf längeren Strecken mit Reisezeiten bis zu 30 Minuten wurden 2007 erstmals Überlegungen angestellt, Doppelstockbusse oder Anhängerzüge mit bis zu 80 Sitzplätzen anzuschaffen. Ende November 2007 war daraufhin ein Doppelstockomnibus der Berliner Verkehrsbetriebe BVG in Liechtenstein zu Testeinsätzen unterwegs, der überzeugen konnte. Im Dezember 2007 wurde neben Nachbesserungen zum im Vorjahr eingeführten Liniennetz mit der Eillinie 12E eine schnelle Direktverbindung zwischen Vaduz und Sargans geschaffen. Mit den schlanken Zuganschlüssen in Sargans konnte so die Fahrzeit von Vaduz Post nach Zürich HB auf unter eineinhalb Stunden reduziert werden. Ab dem Fahrplanwechsel am 15. Dezember 2008 wurde neben der Berufsverkehrslinie 70 des Verkehrsverbundes Vorarlberg von Schaan ins vorarlbergische Rheintal auch ein Nachtbusverkehr auf drei Linien neu eingeführt. Diese boten fortan an den Wochenenden zwischen 1.30 Uhr und 2.30 Uhr Fahrten auf drei Linien zwischen Balzers und Feldkirch, zwischen Buchs SG und Triesenberg sowie auf den Schellenberg an. Der 2003 vom liechtensteinischen Landtag beschlossene Bau eines Bushofes in Schaan wurde, nachdem im Februar 2008 der erste Spatenstich erfolgte, am 20. November 2010 feierlich eröffnet. Hier hat seither auch das Kundencenter der LBA sein neues Domizil gefunden. Ende November erfolgte, nach erneuter Ausschreibung des gesamten Busverkehrs im Mai 2010, die Vergabe an die PostAuto Schweiz AG zum Fahrplanwechsel Ende 2011. Ein Betriebsdurchführungsvertrag wurde im August 2011 abgeschlossen. Der Schülerverkehr wurde an die Bietergemeinschaft „PostAuto und Partner“, bestehend aus der PostAuto Schweiz AG und den liechtensteinischen Unternehmen Philipp Schädler Anstalt, Adolf Meier AG sowie der WMA Touristik AG, außerdem an die als Einzelunternehmen auftretende Ivo Matt AG vergeben. Für den rund 150 Millionen Schweizer Franken umfassenden Auftrag (Laufzeit sieben Jahre und Option auf weitere drei Jahre im Linienverkehr, fünf Jahre im Schulbusverkehr) hatten sich unter anderem auch die schweizerischen Betriebe Stadtbus Chur AG und Eurobus AG sowie die österreichische ÖBB-Postbus GmbH und die liechtensteinische Ivo Matt AG beworben.

Der Verkehrsbetrieb Liechtenstein mobil

Der Fahrplanwechsel im Dezember 2011 brachte erneut einen Schnitt für den liechtensteinischen Busverkehr. Die Bündelung des Betriebes bei der PostAuto Schweiz Regionalzentrum Liechtenstein Anstalt, der Auftritt des Verkehrsbetriebes Liechtenstein mobil zum 1. Januar 2012 als Nachfolgeorganisation

Ein Einzelstück im Fuhrpark blieb dieser MAN NG 313 CNG A23 E2866LUH1, der 2001 unter der Wagennummer 39 von der Ivo Matt AG in Dienst gestellt worden ist. Die Aufnahme entstand im Mai 2010 am Bahnhof Feldkirch. Im darauf folgenden Jahr gelangte dieser Exot nach Bulgarien
Stefan Limburg

Mit Wagen 60 der Ivo Matt AG pausiert einer von seinerzeit zwei MAN Lion's City DD ND 313 A39 D2066LUH27 auf dem St.-Martins-Ring bei der Haltestelle Eschen Post. Das Fahrzeug ging 2011 an die PostAuto Liechtenstein Anstalt über, wo es seither unter der Nummer 81 verkehrt
Stefan Limburg

Von der Endstelle Vaduz Post kommend ist im Mai 2012 der vierte Setra S 415 NF OM457hLA Nummer 41 (Baujahr 2011) auf dem Weg zum Betriebshof der PostAuto Liechtenstein auf der Straße Heiligkreuz unterwegs. Im Hintergrund ist das liechtensteinische Regierungsgebäude zu sehen
Stefan Limburg

Vor der Kulisse des politischen Vaduz ist im Juni 2011 der MAN NÜ 313 CNG A20 E2876LUH02 Nummer 20 als Linie 11 ins schweizerische Trübbach unterwegs. Links hinter dem Bus ist das 2008 eröffnete Landtagsgebäude zu erkennen, rechts steht das 1905 eröffnete Regierungsgebäude. Über diesen beiden thront das fürstliche Schloss. Heute ist dieser Bus in der Dominikanischen Republik unterwegs *Stefan Limburg*

der Liechtenstein Bus Anstalt und der Neubau eines Busdepots Vaduz durch PostAuto Schweiz waren die Eckpunkte des neuen Systems. Nur ein Teil der bisher unter der Regie der Ivo Matt AG eingesetzten Fahrzeuge wurde dabei übernommen. Stattdessen kamen 25 neue Busse zum Einsatz, von denen 21 aus dem Hause EvoBus stammen. Neben zwei weiteren Doppeldeckern des Typs MAN A39 wurden erstmals auch zwei Hybridbusse der Marke Volvo beschafft. Mit zunehmend verbesserten Dieselmotoren wurde der Einsatz von erdgasbetriebenen Bussen unter Aspekten des Umweltschutzes nicht weiter verfolgt.

Größere Veränderungen brachte zum Fahrplanwechsel im Dezember 2013 die Inbetriebnahme der S-Bahn St. Gallen. Aufgrund der Anschlüsse in Buchs SG und Sargans musste auch das liechtensteinische Konzept der Buslinien partiell überarbeitet werden. Davon waren in erster Linie die Hauptlinien betroffen. Wesentliches Merkmal des neu ausgerichteten Liniennetzes ist die Linie 11, die als Durchmesserlinie alle großen Talgemeinden mit den Bahnhöfen Feldkirch (Österreich) und Sargans (Schweiz) verbindet und damit auf knapp 40 km Linienlänge in drei Staaten fährt. Damit verbunden war im grenzüberschreitenden Verkehr auch die tarifliche Neuausrichtung auf den ostschweizerischen Tarifverbund Ostwind anstelle der vorherigen Tarifeinbindung in die österreichische Verkehrsverbund Vorarlberg GmbH. Nachdem die Bedienung der Linie Schaan–Planken von Beginn an in Händen der Familie Jehle lag, wurde diese zum 1. Januar 2014 in Eigenregie vom Verkehrsbetrieb Liechtenstein mobil übernommen. Das Angebot des im Dezember 2013 den aktuellen Gegebenheiten angepassten Liniennetzes erfuhr zum nächsten Fahrplanwechsel im Dezember 2014 Anpassungen zur Kosten-Nutzen-Optimierung, die vor allem das Fahrtenangebot einzelner Linien in den Schwachverkehrszeiten betraf.

Zum Fahrplanwechsel im Dezember 2015 hat das liechtensteinische Liniennetz zuletzt Änderungen erfahren. Auffällig ist die Einschränkung auf der Linie 11 zwischen Trübbach und Sargans. Zur Vermeidung einer Konkurrenzsituation zwischen der

Herbst im liechtensteinischen Berggebiet: Im September 2011 wartet der Mercedes-Benz/Auwärter Economy 815D OM904LA der Philipp Schädler Anstalt Triesenberg an seiner Ausgangshaltestelle Triesenberg Post auf Umsteiger aus dem Tal für die Fahrt Richtung Gaflei. Wenig später wurde dieses Kursfahrzeug der Linie 22 durch einen Iveco First FCLLI Daily 70C17 F1CE348C1 ersetzt, der bereits im Dezember 2014 wieder durch einen Mercedes-Benz Vario/Kowex Regio O 818D OM904LA ersetzt worden ist *Stefan Limburg*

Linie 400 des zur BUS Ostschweiz AG gehörenden RTB Rheintal Bus und der Linie 11 des Verkehrsbetriebes Liechtenstein mobil wurden bei letzterer die Haltestellen zwischen Trübbach Dornau und Sargans Post aufgehoben. Dies erinnert an die Gegebenheiten zur Betriebsaufnahme 1965, als zum Schutz des SBB-Bahnverkehrs nicht auf das Postauto zugestiegen werden durfte. Durchgehende Verbindungen zwischen der Schweiz und Liechtenstein schafft hingegen eine andere Form der Zusammenarbeit zwischen LIEmobil und Rheintal Bus. Einige Kurse der Linie 12 verkehren auf schweizerischer Seite als RTB-Linie 410 und bieten somit umsteigefreie Verbindungen zwischen Triesen Post und Grabs. Im Gegenzug fahren die blau-weißen Fahrzeuge des RTB Rheintal Bus bis nach Triesen. Mit Stand vom 1. Mai 2016 standen für den planmäßigen Linienverkehr des Verkehrsbetriebes Liechtenstein mobil (ohne Schul-, Orts-, Nacht- und Skibusverkehr) folgende 39 Fahrzeuge zur Verfügung:

Am 16. Juni 2011 fährt die Linie 21 abweichend nur bis zur Haltestelle Malbun Bergbahnen. Das Symbol hinter der Liniennummer weist auf die abweichende Endhaltestelle hin. Wagen 7, ein MAN/Göppel NÜ 363 A22 D2866LUH25 vom Baujahr 2003, verlässt hier die Haltestelle Vaduz Au in Richtung Triesenberg *Stefan Limburg*

Nach Übernahme des Betriebes durch die PostAuto Liechtenstein Anstalt wurde an der Wuhrstrasse in Vaduz der neue Betriebshof Möhlihölzli errichtet, wo die Wagen seit dem 17. Februar 2012 beheimatet sind. Die Fahrzeuge finden Aufstellung unter einem 42 x 40 m großen Dach, das in 5,5 m Höhe über der Fahrbahn hängt. Neben Büros und Sozialräumen sind auch eine Tankstelle und Waschanlage errichtet worden. Abgestellt sind dort in vorderster Reihe von links nach rechts die Wagen 11 (Mercedes-Benz Citaro O 530 OM457hLAEEV/11, Baujahr 2011), 83 (MAN Lion's City DD ND 313 A39 D2066LUH27, Baujahr 2012), 63, 65 und 64 (MAN Lion's City NG 313 CNG A23 E2876LUH02, Baujahre 2007/2007/2006), 58 (Mercedes-Benz O 530 G Citaro CNG M447hLAG, Baujahr 2009) sowie 60 (MAN Lion's City NG 313 CNG A23 E2876LUH02, Baujahr 2006) zu sehen. Zusätzlich wurde am 5. April 2015 ein zweites Depot, ebenfalls mit Tankstelle und Waschanlage, im Gewerbegebiet Mauren in Betrieb genommen. Die dort eingestellten zehn bis zwölf Fahrzeuge sollen den Einsatz im Unterland effizienter gestalten und zur Vermeidung von Leerfahrten beitragen *Stefan Limburg*

Der Bushof Schaan am 3. Dezember 2012. Neben dem Doppeldecker MAN Lion's City DD ND 313 A39 D2066LUH27 Nummer 84 (Baujahr 2012) und dem Mercedes-Benz O 530 G OM457hLAEEV/12 Nummer 55 (Baujahr 2011) ist ein Postauto auf dem Gelände des Bushofes abgestellt. Der Scania/Hess K320UB DC932 Bergbus (Baujahr 2011) mit dem Kennzeichen GR 37'189 der Pacciarelli SA aus Grono weilte zu nicht öffentlichen Testfahrten auf der Linie 26 Schaan–Planken in Liechtenstein. 2014 wurde daraufhin bei der Carrosserie Hess AG ein ähnliches Fahrzeug vom Typ Scania N280UB DC09113 SwissDiesel NUB für diese Linie angeschafft

Stefan Limburg

- 3 Stück MAN NG 313 CNG A23 E2876LUH02 (Baujahr 2007),
- 3 Stück Mercedes-Benz O 530 G CNG M447hLAG (Baujahr 2009),
- 2 Stück Mercedes-Benz O 530 K OM926hLAEEV/2 (Baujahr 2011),
- 9 Stück Mercedes-Benz O 530 Ü OM457hLAEEV/11 (Baujahr 2011),
- 5 Stück Mercedes-Benz O 530 G OM457hLAEEV/12 (Baujahr 2011),
- 4 Stück Kässbohrer Setra S 415 NF OM457hLA (Baujahr 2011),
- 4 Stück MAN ND 313 A39 D2066LUH27 (Baujahre 2009 und 2011),
- 2 Stück Volvo B5L H 7700 Hybrid D5F215+ISAM (Baujahr 2012),
- 1 Stück Scania/Hess N280UB DC09113 SwissDiesel NUB 9.5m Midibus (Baujahr 2014 für Linie 26 Schaan–Planken) und
- 1 Stück Mercedes-Benz Vario/Kowex Regio O 818D OM904LA (Baujahr 2015 für Linie 22 Triesenberg–Gaflei)
- 2 Stück Mercedes-Benz Sprinter City 65 OM651 (Baujahr 2015 für den Schellenberg und die Linie 24)
- 3 Stück Mercedes-Benz O 530 G C2 Citaro OM936 (Baujahr 2015)

Literatur

- Biegger, Jürg: Schweizer Postautos der 70er Jahre, Benken 2014
- Frehner Consulting AG [Hrsg.]: 2000 bis 2010, 10 Jahre Liechtenstein Bus Anstalt (LBA), St. Gallen 2010
- Koster, Karl: Chronik des öffentlichen Automobil-Linienverkehrs im Fürstentum Liechtenstein 1922–1992
- Münzinger, S.: Postautobuslinien im Fürstentum Liechtenstein; in: Der Stadtverkehr, Heft 7/1974, Seite 236f.
- verschiedene Jahrgänge Amtliches Kursbuch Schweiz
- verschiedene Ausgaben der Liechtensteinische Landeszeitung, Liechtensteiner Nachrichten, Liechtensteiner Vaterland, Liechtensteiner Volksblatt, Oberrheinische Nachrichten
- Publikationen der Liechtenstein Bus Anstalt (Kundenmagazin LBA Aktuell, Geschäftsberichte, Fahrplanhefte)

Danksagung

Ich danke den Herren Markus Doyon, Karl Koster, Peter Michels, Peter Saler und Matthias Winkelmann, die Fotos zur Verfügung gestellt haben beziehungsweise bei der Beschaffung historischen Bildmaterials behilflich gewesen sind oder mit ihrem Fachwissen unterstützend zur Seite standen.

Hinweis

Bei der Nennung von Eigennamen habe ich mich an die jeweils zeitgenössische und landestypische Schreibweise gehalten, so ist beispielsweise die Meierhofstrasse entsprechend mit „ss" und nicht mit „ß" geschrieben.

Jürgen Jacobi

Die Karosseriefabrik GmbH Adolf Emmelmann in Hannover

1928 bis 1978

Im Jahr 1896 gründete Emil Emmelmann in Hannover an der Sutelstraße eine Wagenbauanstalt, in der er Kutschen und Fuhrwerke anfertigte. 1928 übernahm der Sohn Adolf die Firma und ging, den Bedürfnissen der Zeit entsprechend, zum Karosseriebau über. Bald darauf spezialisierte er sich auf den Bau von Omnibussen, wobei elegante Reisewagen, zum Beispiel von Büssing, Krupp und Mercedes im Vordergrund standen. Während des Zweiten Weltkrieges beschränkte er sich auf die Herstellung von Heeresanhängern, Schlitten fürs Heer und ähnlichen Dingen.

Nach dem Ende des Zweiten Weltkrieges verließen bereits 1945 wieder die ersten Neubauten das hannoversche Werk, unter den damaligen Umständen nur in einfachster Linienausführung. Nach der Währungsreform entstanden dann von 1948 an wieder friedensmäßige Aufbauten auf Fahrgestellen verschiedener Hersteller. 1950 entschloss Emmelmann sich, nur noch Büssing-Fahrgestelle zu karossieren. Den Anstoß dazu gab wohl die begrenzte Fertigungskapazität der Firma Büssing, die die große Nachfrage nach ihren neuen Trambussen gar nicht allein erfüllen konnte.

Mit diesem Schritt war auch die Grundlage gelegt für moderne, hochwertige Reisebusse, mit denen Emmelmann sich schnell eine herausragende Stellung eroberte. Auf den Schönheitskonkurrenzen in Montreux und Nizza errangen Reisewagen von Emmelmann in den 1950er-Jahren immer wieder erste Preise.

Ein zweites Standbein bildeten ab 1950 Linienwagen für den Stadt- und Überlandverkehr, mit denen Emmelmann frühzeitig die Trennung zwischen den Bedürfnissen des Reise- und Linienverkehrs vollzog. Auch diese erfreuten sich schnell großer Beliebtheit.

Eine weitere Produktlinie waren Gelenkbusse, deren Fertigung Emmelmann 1955 unter Verwen-

Produktion der Emmelmann-Busse von 1930 bis 1944

Am Friedrichswall vor dem Hannoverschen Rathaus steht dieser Büssing 300 N. Der Omnibus mit einem Radstand von 5,70 m, Baujahr 1933, ging an die Firma Thomas in Hannover *Foto: Emmelmann*

Büssing 350 ON aus dem Jahr 1937. Sein Äußeres fiel schon deutlich besser aus als das auf dem ersten Bild dieser Reihe. Besonders die Motorhaube war nun gewölbt, die Scheinwerfer waren in die Kotflügel eingelassen *Foto: Emmelmann*

dung von Schenk-Nachläufern aufnahm. Zunächst waren diese 18 m lang und besaßen zweiachsige Nachläufer, bevor der Gesetzgeber 1957 den Rückzug auf 16,5 m lange Dreiachser erzwang. Von 1965 an konnten sie dann wieder 18 m lang ausgeführt werden.

TU 7 und TU 11 sollten die einzigen Typen sein, die 1955 an die Stelle von 4500 T und 6500 T traten. Der TU 11 war soviel größer, dass die Kunden lieber beim 6500 T blieben. Also bestand das Typenprogramm von 1957 aus TU 5 (4500 T), TU 7 (130 PS), TU 10 (6500 T) und TU 11 (170 PS).

1958 ergänzte Emmelmann seine Palette an Reisebussen durch die sogenannten Hochsitzer – auch Stufenhochdecker genannt –, mit denen die Gepäckunterbringung bei Fernreisen deutlich einfacher wurde.

Während die Umstellung der Omnibusse von der Fahrgestellbauweise auf die sogenannte „Verbundbauweise“ (zum Beispiel 4000 T) 1953 bis 1958 reibungslos verlief, machte die Umstellung auf die sogenannte „Röhrenbauweise“ ein gewisses Problem. Büssing hatte die Reihen 11 R/H, 12 R/H, 13 R/H und 14 R/H auf Röhrenbauweise (selbsttragende

Auch Mercedes war unter den Fahrgestell-Lieferanten. Dieser Mercedes O 3750 mit 100-PS-Motor war für Herrn Sippel aus Dattenborn bestimmt *Foto: Emmelmann*

Dieser Hansa-Lloyd Typ Merkur hatte 36 Sitzplätze plus acht Notsitze. Die Leistung des Motors betrug 100 PS. Der Wagen trug die Aufschrift „Eiderstrand" und sein Besitzer war Fritz Thordsen aus Rendsburg

Foto: Emmelmann

Büssing 500 N mit 5,50 m Radstand. Der Wagen von Fritz Hochmuth besaß ein Schiebedach und die Scheinwerfer waren wiederum in die Kotflügel integriert

Foto: Emmelmann

Krupp OD 6,5 N 242. Der 6,5-Tonner hatte, wie auch bei Büssing, etwas größere Räder als der 5,5-Tonner und einen verlängerten hinteren Rahmenüberhang. Das Foto zeigt einen „Hannoverschen Anzeiger“ des Unternehmens Karl Grebe aus Hannover

Foto: Emmelmann

Dieser Büssing 500 T war wiederum für Fritz Hochmuth aus Hildesheim vorgesehen. Der Wagen hatte einen Radstand von 5,40 m und der Motor leistete 90 PS. Die Farbgebung war oben schwarz, unten rot *Foto: Emmelmann*

Produktion der Emmelmann-Busse von 1945 bis 1959

Einzelstücke waren die Büssing 5000 T, die Emmelmann in den Jahren 1945 bis 1948 auslieferte. Hier ein solches Fahrzeug in ziemlich einfacher Bauweise zur Beförderung der Messegäste für die Niedersachsen-Messe im Jahr 1947. Bei diesem Modell fehlt der Büssing-Grill

Foto: Emmelmann

Schöner in der Form wirken die Büssing-Busse, die Emmelmann 1948/49 auslieferte. Hier ist ein Büssing 5000 T aus dem Jahr 1949 zu sehen, der an die Firma Rathjen in Stade ausgeliefert wurde

Foto: Emmelmann

Dieser Büssing 5000 T für die KVG Braunschweig war breiter als der vorige 5000 T (2,45 m). Emmelmann hatte im Jahr 1950 hier bereits die Karosseriebreite (2,50 m) des Unterflurtyps 5000 TU angewendet *Foto: Jürgen Jacobi*

Omnibusse) umgestellt, die Reihen 11 R und 13 R blieben für Anderthalbdecker und Gelenkbusse unverändert. Da blieb nicht mehr viel Raum für die Firma Emmelmann. Büssing fertigte deshalb kurzfristig die Typen 11 RU 7 H, 12 RU 7 H und 13 RU 7 H in sogenannten „Verbundgestellen“, die deutlich länger waren als die vorgenannten Büssing-Typen.

1961 verzichtete Büssing dann ganz auf eine eigene Reisebusfertigung, sodass Emmelmann alleiniger Lieferant der Senator-15- beziehungsweise Präfekt-Reisewagen wurde. Hauptsächlich handelte es sich dabei um den Senator-15- beziehungsweise Präfekt-15-Wagen, einige wenige Wagen wurden aber auch als Konsul 11, Senator-12 und Senator-14 sowie Präfekt-13 gefertigt.

Ein ganz „neuer“ Wagen war dieser 5000 T, obwohl er eigentlich nur die beiden vorderen und die beiden hinteren Eckfenster erhalten hatte. Er war für den Auto-Dienst „West“ vorgesehen und fuhr von Berlin nach Hannover
Foto: Emmelmann

Ein moderner Wagen wurde der Büssing 5000 TU mit Unterflurmotor und zahlreichen Neuerungen: der Einstieg war nun vorne vor dem Vorderrad, und er trug den neuen Büssing-Grill mit seitlichen Zierstreifen. Dieses noch 1950 gebaute Fahrzeug war für den Kraftverkehr Celle bestimmt
Foto: Emmelmann

Bei diesem Büssing 5000 TU von 1950 für den Stadtverkehr der Stadt Goslar war neben der Vordertür auch eine breite Tür in der Mitte des Wagens zum schnellen Ein- und Aussteigen angebracht worden
Foto: Jürgen Jacobi

Ein breiterer Kühlergrill und vier Öffnungen in der Stoßstange machen den Betrachter darauf aufmerksam, dass es sich um einen Büssing TU handeln muss. Zur Internationalen Automobil Ausstellung 1951 in Frankfurt löste dieser den 5000 TU ab, wurde aber schon 1952 durch den neuen Büssing 6000 T ersetzt. Hier ist ein Reisebus der Firma Autokraft aus Kiel zu sehen
Foto: Karl-Heinz Hesse

Zahlreiche Betriebe schafften Wagen für den Stadtverkehr an, wo die Fahrgäste hinten einsteigen mussten. Auch die Bremer Straßenbahn konnte sich dieser Maßgabe nicht verschließen und beschaffte 1951 die Wagen 116-119 und 122-126. Der Hinweis „Vorne einsteigen" ist der Tatsache zu verdanken, dass die Aufnahme erst 1957 entstand, als beim Fahrer der Fahrschein gelöst wurde
Foto: Jürgen Jacobi

Zwei Aufbauten auf Mercedes-Fahrgestelle wurden auf besondere Bitte von Herrn Emmelmann von Büssing genehmigt. Der eine war ein Reisebus für die „Deutsche Eisenbahn-Betriebs-Gesellschaft AG" mit Standort Kandern im Landkreis Mühlheim, der andere ist später zu sehen
Foto: Emmelmann

Mit dem neuen 4000 T suchte Büssing 1953, die 3,5- bis 4-t-Klasse zu erobern. Emmelmann schuf dafür eine elegante Linienführung, allerdings mit großer Lüftung hinter dem Büssing-Grill. Der Wagen ging an den „Reisedienst Herford"
Foto: Jürgen Jacobi

Bei diesem Wagen handelt es sich ebenfalls um einen 4000 T, der jedoch die Bug- und Heckflächen gerade und um die Ecke gezogene Frontscheiben hat. Das im Jahr 1954 gebaute Fahrzeug war für die Elektrizitätswerke Minden-Ravensberg bestimmt

Foto: Jürgen Jacobi

Dieser Büssing 6000 T ist ein Postwagen, der vorne eine zweiflügelige Tür hat, hinten jedoch nur eine Falttür. Die Post bezog die Wagen mit einem Reiseaufbau, nicht in der Linienausführung. Der Omnibus hatte die Nummer 14881 *Foto: Jürgen Jacobi*

Mit dem Büssing 6000 T, einem „echten" Reisewagen, betrieb das Unternehmen Kast seine Linie von Siegburg nach Köln. Der Bus weist auch höhere Sitze auf, wie sie 1954 schon üblich waren *Foto: Jürgen Jacobi*

Ein rares Stück ist dieser Büssing 12000 T Dreiachser, der zum Zeitpunkt der Aufnahme schon den unteren Teil des Büssing-Grills verloren hatte. Neben den 39 Wagen für die Berliner Verkehrsbetriebe waren nur acht Dreiachser in Westdeutschland zu finden. Dieser ist für die Bielefelder Stadtwerke im Einsatz *Foto: Jürgen Jacobi*

Dies ist der zweite Mercedes O 3500, den Emmelmann karossierte
Foto: Emmelmann

1969 gab Emmelmann seinen Omnibussen noch einmal eine neue Optik, die etwas korrigiert wurde, als 1972 der MAN-Schriftzug an den Fahrzeugen erschien. Auch beteiligte Emmelmann sich 1970 an der Entwicklung von Gelenkbussen nach den Vorschriften des VÖV-Lastenheftes für Standardbusse.

Den Höhepunkt und zugleich den Abschluss in Emmelmanns Omnibusbau bildete schließlich 1974 ein Hochdecker-Reisebus, von dem allerdings nur noch zwei Exemplare gebaut wurden. Im Frühjahr 1975 verließen die letzten Neubauten das Werk und die Firma wurde im Handelsregister gelöscht.

Dieser Linienwagen der Verkehrsbetriebe Hamburg-Holstein ist ein Büssing 4500, dessen Grill neun waagerechte Streifen hatte im Gegensatz zum TU 7, der nur acht Streifen besaß. Das Fahrzeug war schwarz/dunkelrot lackiert *Foto: Karl-Heinz Hesse*

Büssing TU 7: der etwas längere Wagen hatte eine Sitzreihe mehr als der 4500 T. Er trug die Nummer 63 in dem System, das die Niedersächsische Eisenbahngesellschaft (NLEA) für ihre Omnibusse eingerichtet hatte *Foto: Jürgen Jacobi*

Dieser Büssing 6500 T unterschied sich nicht vom 6000 T, man behalf sich mit Angaben auf dem Typenschild. Der Wagen für die Autokraft in Kiel war oben hellblau und unten hellgrau mit einer hellblauen Absetzung und trug die Nummer 60 *Foto: Jürgen Jacobi*

Die Bremer Straßenbahn setzte diesen Büssing 6500 T mit der Nummer 8 auf der Strecke Hauptbahnhof–Gartenstadt Vahr ein. Er wurde mit nur einer Zierstange geliefert. Die „23" trug er nur kurze Zeit, da er mit der Straßenbahn verwechselt werden konnte *Foto: Jürgen Jacobi*

Der neue Zweiachser Büssing TU 11 war fast 12 m lang, hatte drei vierteilige Türen und war mit 170 PS etwas stärker als der 6000 T mit 150 PS. Der Wagen lief bei den Stadtwerken Kaiserslautern *Foto: Karl-Heinz Hesse*

Die ersten Gelenkzüge auf der Basis des 6500 T und Schenk-Nachläufern waren bis 1957 noch 18 m lang. Die Bremer Straßenbahn kaufte 1955 erst einen Gelenkzug mit der ursprünglichen Nummer 196, später 251, und im Jahr 1957 einen zweiten, 16,50 m lang mit der Nummer 252

Foto: Lübbers

Ein kurzer Reisewagen Büssing TU 5 mit 110 PS gehörte der Firma Mundstock in Peine. Er hatte runde Blinkleuchten und der Lufteinlass war kleiner als beim 4000 T. Auch er war schwarz/rot lackiert

Foto: Jürgen Jacobi

Die Bremer Straßenbahn hatte mit dem TU 7 mit 130 PS einen etwas stärkeren Wagen, der die Aufschrift „Bremer Vorortbahnen GmbH" und die Nummer 197 bekam. Der Wagen konnte 120 km/h erreichen, was in Deutschland allerdings nicht erlaubt war

Foto: Jürgen Jacobi

Mit dem Büssing TU 7 Spezial, der den Radstand 5,15 m statt 4,85 m hat, bietet Emmelmann einen Reisebus besonderer Größe an, bei dem das Reisegepäck im Unterdeck verstaut werden kann. Der Bus lief bei dem Unternehmer Müller in Braunschweig
Foto: Dieter Höltge

Ein Lob für Emmelmann: der 1000ste Reisebus – ein Büssing TU 10 – wurde 1957 fertiggestellt. Herr Emmelmann ist der zweite Herr von links
Foto: Behrens

Ein deutlicher Unterschied an der Frontscheibe zeichnet diesen TU 10 Reisebus von 1958 gegenüber dem Büssing 6000 T/6500 T aus. Im Einsatz war der Bus für den Unternehmer Napirala in Berlin
Foto: Jürgen Jacobi

Auch die Firma Severin hatte Hochsitzer im Einsatz, aber diesmal war es kein TU 7, sondern ein Büssing TU 10. Der Bus verband Berlin mit Goslar. Am dortigen Verkehrsbüro entstand das Foto
Foto: Jürgen Jacobi

Der Büssing TU 10 Verbund hatte gegenüber dem normalen TU 10 einen längeren, vorderen Überhang, der die Platzverhältnisse im Innenraum fühlbar verbesserte
Foto: Jürgen Jacobi

Nur wenig vergrößert (11,175 m) ist der TU 11 „kurz". Er gehörte der Bonner Verkehrsgesellschaft und fuhr auf der Linie 36 von Friedensplatz nach Heimerzheim
Foto: Jürgen Jacobi

Ein weiterer TU 11 „kurz“. Der Fernreisewagen war für Tropper in Graz unter dem Namen „Pullmann-Express“ unterwegs
Foto: Jürgen Jacobi

Mit gut 11,60 m ist der Büssing TU „lang“ deutlich länger. Er fuhr für die Hamburg-Holsteinischen Verkehrsbetriebe auf der Linie nach Lauenburg unter der Nummer 171
Foto: Jürgen Jacobi

Dieser Gelenkzug Büssing TU 10 mit Schenk Nachläufer hat zwar noch vier Achsen, ist aber nur noch 16,50 m lang. Er gehörte der Kraftverkehrs-Gesellschaft Braunschweig, hatte die Nummer 297 und fuhr von der Martini-Kirche in Braunschweig nach Beddingen
Foto: Jürgen Jacobi

Produktion der Emmelmann-Busse von 1959 bis 1974

Ende der 1950er-Jahre werden von Büssing neue Typenbezeichnungen eingeführt, die sich nach den Sitzreihen orientieren. So ist der abgebildete Büssing 10 RU 7 mit zehn Sitzreihen der alte TU 7 und so auch noch in der Fahrzeugliste der Deutschen Bundespost eingetragen

Foto: Jürgen Jacobi

Der neue Büssing 11 RU 7 H Verbund ist vorne vor der Vorderachse wesentlich länger als der alte TU 7. Er hat bereits den neuen Motor von 145 PS und war für das Reisebüro Schmidt in Wolfenbüttel bestimmt. Er ist bis heute im Einsatz

Foto: Jürgen Jacobi

Die Linienbus-Ausführung des Büssing 11 RU 7 H Verbund gestaltete Emmelmann vorne und hinten senkrechter. Dieser Wagen lief unter der Nummer 6 für die Kreisbahn Osterrode-Kreiensen und wurde im August 1960 in Köln fotografiert *Foto: Jürgen Jacobi*

Mit einem Radstand von nur 4,85 m hat der Büssing 12 RU 7 H Verbund nahezu die gleiche Länge wie der 6000 T, was durch den vorderen Überhang erreicht wurde. Der Wagen fuhr für die Haru-Reisen in Berlin *Foto: Jürgen Jacobi*

Auf der Linie 15 zwischen Sehnde und Mehrum verkehrte dieser Büssing 12 RU 7 H Verbund. Es ist ein Fahrzeug mit Heckmotor, das mit der Nummer 270 den Hannoverschen Verkehrsbetrieben gehörte
Foto: Dieter Hölge

Bei diesem Büssing 13 RU 7 Verbund hängt zwischen den Achsen der Unterflurmotor. Auch er ist ein Wagen der Hannoverschen Verkehrsbetriebe
Foto: Jürgen Jacobi

Mit hochgezogener Frontscheibe und Dachrandverglasung ist dieser Büssing 13 RU 7 H Verbund ein ausgesprochener Reisewagen. Er gehörte dem Elektrizitätswerk Minden-Ravensberg und lief dort unter der Nummer 67
Foto: Behrens

Der längste Solowagen war der 14 RU 11. Dieser gehörte der Braunschweig-Schöninger Eisenbahn und lief unter der Nummer 8 vom Kalenwall aus nach Schöningen
Foto: Jürgen Jacobi

Einige MAN 420 HOC 1 und HOC 2 aus den Jahren 1960/61 trugen das Emmelmann-Zeichen. Dies hatte mit der Übernahme der Karosseriefabrik Hubertia durch Büssing zu tun. Es gab noch einige Aufbauten von Hubertia, die natürlich nicht als Büssing laufen sollten. So wurde Emmelmann damit betraut
Foto: Jürgen Jacobi

Ein neuer Büssing-Grill mit nur vier Streifen zierte die neuen Fahrzeuge von Emmelmann auf der Basis des Büssing Senator 15. Außerdem hatte der Wagen nach vorne geneigte Fensterstreben. Die Firma Mundstock besaß diesen Wagen, der 1962 auf der Linie nach Bortfeld im Einsatz war
Foto: Jürgen Jacobi

Dieser dreiachsige Büssing 13 RU 10 Gelenkzug von 1959 war 16,50 m lang und mit vier Türen versehen. Er lief unter der Nummer 297 auf der Linie 12 der Kraftverkehrsgesellschaft Braunschweig von Salzgitter-Lebenstedt nach Salzgitter-Bad

Foto: Jürgen Jacobi

Etwa ein Jahr später (1963) ist die Fensterlinie wieder gerade. Der Büssing Senator 15 gehörte dem Kraftverkehr Burgdorf (Verkehrsbetriebe Bachstein). Unter der Nummer 638 war er auf der Linie Burgdorf Bf–Südstadt im Einsatz *Foto: Jürgen Jacobi*

Wie bei den Büssing-Typen aus Küps (Hubertia) ist auch bei den Ausführungen von Emmelmann das Dach vorgezogen. Die Abbildung vom Oktober 1963 zeigt einen Senator 15 des Unternehmers Hotz aus Wolfsburg am Hagenmarkt in Braunschweig
Foto: Jürgen Jacobi

Wieder ein Gelenkzug der Kraftverkehrsgesellschaft Braunschweig mit der Nummer 1278 (alt 278). Der Büssing 13 RU 10 von 1962 fuhr als Einsatzwagen auf der Linie Lebenstedt–Steterburg
Foto: Jürgen Jacobi

Als „Reisewagen und Fahrschule" stellte die Braunschweiger Verkehrs AG diesen Büssing Präfekt 13 R in Dienst. Er trug die Nummer 6701, später, als er an die KVG Braunschweig abgegeben worden war, die Nummer 6761
Foto: Jürgen Jacobi

Ein echter Reisewagen war dieser Präfekt 13, was schon alleine die hochgezogenen Fenster ausweisen. Der Wagen gehörte dem Unternehmer Diekena aus Norden b. Aurich
Foto: Jürgen Jacobi

Den Präsident 14 D baute Emmelmann ab 1966 auch als Doppeltürer vorn. Die Braunschweiger Verkehrs AG beschaffte von 1966 bis 1968 insgesamt 43 Wagen dieses Typs
Foto: Jürgen Jacobi

Auch die KVG Hameln hatte Fahrzeuge mit Doppeltüren vorn angeschafft, aber nicht den Typ Präsident, sondern den Präfekt 15 D. Man erkennt es leicht, wenn man auf das Heck schaut. Der Wagen fuhr vom Bahnhof (Fotostandort) aus nach Wehl
Foto: Jürgen Jacobi

Die Gelenkzüge durften seit 1965 wieder 18 m lang sein. Einen solchen Gelenkzug auf der Basis des Büssing Präsident 19 lassen die Stadtwerke Münster auf verschiedenen Oldtimerveranstaltungen laufen. Der Wagen hat die Nummer 311
Foto: Jürgen Jacobi

Durchgehend hochgezogene Fensterscheiben haben nun auch die Linienwagen. Im Bild ein Büssing Präsident 14; von diesem Typ beschafften die Kölner Verkehrsbetriebe 1967/1968 insgesamt 56 Fahrzeuge
Foto: Jürgen Jacobi

Ein Reisewagen Büssing Präfekt 15 mit hochgezogenen Sitzen und einer neuartigen Lüftung unter dem Büssing-Grill. Er ist von der Firma Köhne in Blomberg
Foto: Jürgen Jacobi

Die Firma Daubus hatte eigentlich immer recht moderne Wagen. So war auch dieser Präfekt 15 vom Baujahr 1967 im Jahre 1973 noch sehr gut in Ordnung. Er lief von Hannover nach Gehrden
Foto: Jürgen Jacobi

Der auch als „VG 16 L" bezeichnete Büssing BSE 170 N Gelenkbus hatte eckige Scheinwerfer. Er lief bei der KVG Braunschweig, wurde aber trotz sorgfältiger Pflege im Jahr 2000 ausgemustert und vor einiger Zeit verkauft
Foto: Jürgen Jacobi

Der Wagen für die Firma Mundstock in Wedtlenstedt bei Braunschweig trat mit einem neuartigen Büssing-Zeichen, rechteckigen Scheinwerfern und Blinkern an. Ebenfalls neu war die Typenbezeichnung BSE 120 T. Der Motor leistete je nach Wunsch 155 oder 240 PS
Foto: Jürgen Jacobi

Die Firma Jasper in Hamburg benutzte unter anderem den Typ BSE 120 GT mit erhöhtem Dach, eckigen Radhäusern und über der Frontscheibe angebrachter „air conditioned"-Anzeige
Foto: Jürgen Jacobi

Der Linienwagen Büssing BSE 120 N hatte über der Frontscheibe einen Linienkasten. Der Bus fuhr im Auftrag der Bundesbahn nach Hosenfeld bei Fulda. Eigentümerin des Fahrzeugs war Frau Gass in Grebenhain
Foto: Jürgen Jacobi

Ein ganz neuer Wagen war der BSE 170 N mit steiler Front. Es waren die ersten Emmelmann-Gelenkzüge nach VÖV-Norm. Die Essener Verkehrs AG ließen sich 1970 acht und 1971 noch einmal zehn Gelenkzüge bauen. Der Motor leistete 210 PS, die Länge des Zuges betrug 16,90 m
Foto: Jürgen Jacobi

Ein BSE 170 N Reisegelenkzug mit einer Reisebusfront, jedoch ohne Reisebusbestuhlung vor dem Hbf. Wiesbaden. Das Fahrzeug gehörte dem Unternehmer Wahl in Bechtheim bei Bad Schwalbach

Foto: Jürgen Jacobi

Die Firma Mundstock hatte auch einen BSE 180 N als 18-m-Gelenkzug in ihrem Fuhrpark. Er war für den Überlandverkehr ausgerüstet und besaß drei zweiflügelige Türen und wurde unter anderem für die Strecke von Kalenwall in Braunschweig nach Wendeburg eingesetzt

Foto: Jürgen Jacobi

Dieser Büssing 12 Ü 210/ R 15, Baujahr 1973, trägt an der Front noch den Firmenschriftzug „Büssing“. Das Fahrzeug von Köhne aus Blomberg wurde im April 1982 auf dem Messeparkplatz in Hannover abgelichtet

Foto: Jürgen Jacobi

Noch im gleichen Jahr wurde der Schriftzug Büssing nun durch den von MAN ersetzt. Die „Machtübernahme" sollte auch an den Fahrzeugen dokumentiert werden, obwohl der abgebildete Wagen ein reines Büssing/Emmelmann-Produkt war. Bei diesem 12 Ü 210/R 15 von Jasper in Hamburg war die Klimaanlage nun wesentlich größer, auch die Reisebestuhlung entsprach dem oben beschriebenen BSE 120 GT der gleichen Firma *Foto: Jürgen Jacobi*

Die Karosseriefabrik Emmelmann hatte nur zwei Hochsitzer gebaut; einen für das Unternehmen Kast aus Siegburg, den anderen für MAN (Abb.). Der Wagen (Büssing 12 Ü 210/13 R) war bereits 1974 mit einer Fernsehantenne ausgerüstet
Foto: Jürgen Jacobi

Einer der letzten gefertigten Gelenkbusse vom Typ VG 16 ging 1974 nach Mainz, wo er bis 1988 im Dienst stand. Seit 1968 bezogen die Mainzer Stadtwerke 65 von Emmelmann gefertigte Gelenkbusse. Sie waren 16,90 m lang *Foto: Jürgen Jacobi*

Auch die Firma Janssen aus Wittmund hatte einen Gelenkbus VG 16 von Emmelmann. Als Überlandgelenkzug war er 18 m lang *Foto: Jürgen Jacobi*

Die Hildesheimer Obusse vom Typ Henschel II/6500 11 und 25 (Abb.), bereits nach dem Krieg mit einer ersten Karosserie versehen, erhielten 1960 von Emmelmann einen zweiten Aufbau. Sie wurden 1969 ausgemustert *Foto: Jürgen Jacobi*

Sechs Obusse vom Typ Büssing 14 RE mit den Nummern 1 (Abb.), 4, 5, 7, 8 und 13 kamen 1963 nach Hildesheim. Sie erhielten 1969 nach der Aufgabe des Obusbetriebes noch Dieselmotoren
Foto: Jürgen Jacobi

Im Jahre 1966 beschafften die Stadtwerke Kaiserslautern die Gelenkbusse mit den Nummern 118 und 119. Sie basierten auf dem Büssing Präsident Verbund und liefen auf der Linie zum „Vogelweh“ *Foto: Jürgen Jacobi*

Der erste Obus, den Emmelmann aufgebaut hat, war ein italienischer Dreiachser vom Typ Stanga. Er kam 1943 aus Mailand, wurde im Krieg schwer beschädigt und 1947 durch Emmelmann neu karossiert, aber bereits zwei Jahre später verschrottet.

Im Jahre 1960 wurden zwei Obusse nach Osnabrück und ein Jahr später zwei Obusse nach Hildesheim geliefert. Drei Jahre danach kamen sechs Büssing-Präsident-Gelenkzüge ebenfalls nach Hildesheim. Bis 1966 beschafften auch noch andere Betriebe Emmelmann-Obusse.

Quellen

- Büssing Trambusse mit Emmelmann-Aufbau, verschiedene Prospekte
- Eigene Aufzeichnungen und Fotos
- Hildesheimer Allgemeine Zeitung, verschiedene Ausgaben
- Omnibus Revue, verschiedene Ausgaben
- Der Bus, verschiedene Ausgaben

Emmelmann baute in den 1950er-Jahren auch Omnibus-Personenanhänger, wie diesen für die Deutsche Bundespost mit handbetätigter Schiebetür *Foto: Emmelmann*

Dieter Kmoch

Erinnerungen an den Omnibusverkehr vor 50 Jahren

Begegne ich heute den Reiseomnibussen der Generation 2015, dann denke ich zurück an meine Anfangszeit als Omnibusfahrer im Kraftverkehr Bautzen. 1964, nach dem Ende meiner Wehrpflicht, suchte ich eine Anstellung als Kraftfahrer. Mein Traum war es, als Lkw-Fahrer im Fernverkehr zu fahren. Allein nur mein erlernter Beruf Landbau und der unerfüllte Studienwunsch wichen von meinem Leben mit dem Lkw ab.

Bereits früh wurde der Grundstein zu meinem Traum gelegt: Sechs Monate war ich alt, als mich mein alleinerziehender Vater, zum Schutz vor den ständigen Luftangriffen auf Dresden und Köln, mit auf seinen Fernlastzug, einen Büssing N 650, nahm und quer durch Deutschland „kutschierte". Die eigens eingerichtete Schlafkabine im Großraumfahrerhaus war mein Kinderbett und Spielplatz oft für mehrere Wochen, der Beifahrer mein Spielkamerad.

Doch so sehr ich mich im Herbst 1964 bemühte, eine Stelle als Lastwagenfahrer zu bekommen, so viel Absagen erhielt ich in den volkseigenen Kraftverkehrsbetrieben. Dabei hatte ich Fahrpraxis auf S 4000, G5 und H6 aus der Zeit vor der Armee vorzuweisen. Offene Fahrerstellen gab es schon; die Ablehnungen hatten Ursachen in einer mich bis 1989 begleitenden Reihe von Meinungen, ich sei politisch unzuverlässig. Eine Meinung, die staatsnahe Nachbarn und Kollegen bei mir erkennen wollten und dies auch bei Befragungen bedenkenlos kundtaten.

Letztendlich rief während eines Bewerbungsgespräches ein Verkehrsmeister eines Güterbereiches aus Bischofswerda die Kaderleiterin des gerade neugebildeten VEB Kraftverkehr in Bautzen an – eine Zusammenlegung des Güterverkehrs Bischofswerda und des Busbetriebes Kraftverkehr Bautzen war 1964 erfolgt – und vermittelte mich als Interessenten zur Busfahrerausbildung. Dann ging alles sehr schnell. Dringend wurden neue Busfahrer gesucht. Die vorhandenen Fahrer mussten bis 300 Stunden, das sind rund 120 Überstunden, fahren, um die Bedürfnisse im Linien- und Berufsverkehr zu erfüllen. Obwohl die Stundenlöhne dieser Zeit in der DDR allgemein niedrig waren, wurden Busfahrer im volkseigenen Kraftverkehr mit 1,50 bis 2,10 Mark der DDR pro Stunde entlohnt plus Zuschlägen für Nacht- und Wochenenddienste sowie Überstunden. In privaten Busunternehmen wurden die Löhne staatlich festgelegt und lagen oft noch darunter. Die Kehrseite dieser Lohnpolitik war, dass die Fahrer bestrebt waren, viele Überstunden zu leisten, um sich mit dem Mehrverdienst kleine Wünsche erfüllen zu können.

Anfang Dezember war die Ausbildung im betriebseigenen Fahrschulbereich erfolgreich abgeschlossen. Die Prüfungsfahrt mit dem Prüfer der Verkehrspolizei hatte schon etwas Besonderes. Kurz nach Prüfungsfahrtbeginn überholte mich ein Personenwagen verkehrswidrig, an der nächsten Kreuzung nahm er rücksichtslos einem anderen Wagen die Vorfahrt.

Büssing N 650 – mein Kinderbett für fast zwei Jahre. Leider fehlen die Erinnerungen an meine Reisen quer durch Deutschland *Foto: Archiv Kmoch*

Ikarus 31. Mit diesem Typ erlangte ich meinen „Busschein"
Foto: Steffen Eule

Damit war der Polizist überreizt: „Fahren Sie sofort dem Auto hinterher", lautete die Anweisung an mich. Ampeln gab es damals in Bautzen nur eine, also relativ freie Fahrt, aber für mich das Risiko, auch gegen Verkehrsvorschriften zu verstoßen. Glück in der Situation, wenige Straßen weiter hielt der verfolgte Fahrer, nicht ahnend, dass im Bus eine „weiße Maus" saß, die sein Tun beobachtet hatte. Der Polizist bat den Fahrer auszusteigen und wir, der Fahrlehrer und ich, konnten den Gesprächsverlauf nur an der Gesichtsfarbe des Delinquenten erkennen. Wir sahen den Griff zum „Stempel" und den Vermerk im Führerschein. Ohne weiteren Kommentar zum Vorfall erhielt ich die Anweisung, zurück zur Polizeidienststelle zu fahren. Dort wurde mir gesagt, dass ich am nächsten Tag meinen „Busschein" abholen könne. Also Prüfung bestanden – ich war Omnibusfahrer.

Die ersten praktischen Erfahrungen sammelte ich in einem Verkehrsmeisterbereich 20 km vom Autohof Bautzen entfernt. Von der Organisation und dem Ablauf in einem Meisterbereich des Personenverkehrs hatte ich keine Ahnung, kannte nur die witzelnden Bemerkungen aus der zentralen Fahrerschulung. Mit wenig Freude begann ich in der neuen Dienstuniform der Fahrer meine Arbeit – als Schaffner. In jenen Jahren waren die Omnibusse in der Hauptverkehrszeit auf den Hauptlinien – etwa zwischen 5 und 20 Uhr – mit Schaffnerinnen besetzt, allein die ersten und letzten Linienfahrten des Aus- und Einrückens wurden schaffnerlos bedient. Die Frauen waren oft durch die sehr wetterbeeinflusste Tätigkeit sowie den ständigen unmittelbaren nahen Fahrgastkontakt in den überfüllten Wagen krank. Dann mussten Fahrer, die zwar Fahrerlohn erhielten, im Bus kassieren. Aber das hatte auch, wie sich zeigte, für mich Vorteile. Neben der „Standfestigkeit" im fahrenden Bus – während der Entgegennahme des Fahrgeldes, noch mit Wechsler und Geldtasche, sowie Ausgabe der Fahrscheine aus der „Bibel", so wurde die Fahrscheinmappe genannt – lernte ich schnell die Linie, ihre Haltestellenfolge, die Wendepunkte und sonstige Eigenheiten kennen. Die damaligen sehr schlechten Straßen führten häufig zu ungewollten „menschlichen Kontakten", die dann je nach Heftigkeit laut ausdiskutiert wurden. Das war für mich als jungen Mann eine völlig neue Erfahrung, obwohl ich in der sehr „gut verständlichen" Aussprache der Fahrer bereits bewandert war.

Nach etwa zwei Wochen wurde ich als Fahrer von einem älteren Kollegen auf einer Linie im schaffnerlosen Verkehr eingewiesen; und nach zwei Umläufen fuhr ich erstmals selbst mit einem Ikarus 630, aus der ersten Baureihe, und musste zusätzlich auch kassieren. Der Fahrer war noch von den Fahrgästen durch eine große Glaswand getrennt. Der Wechsler mit dem schweren Lederbeutel für Papiergeld, Schaffnerzange und Papieren zum Nachweis des Fahrscheinverkaufes lagen ausgebreitet auf der mit Decken abgedeckten Motorhaube. (Die Abdeckung der Motorhaube minderte etwas den fast unerträglichen Motorenlärm des

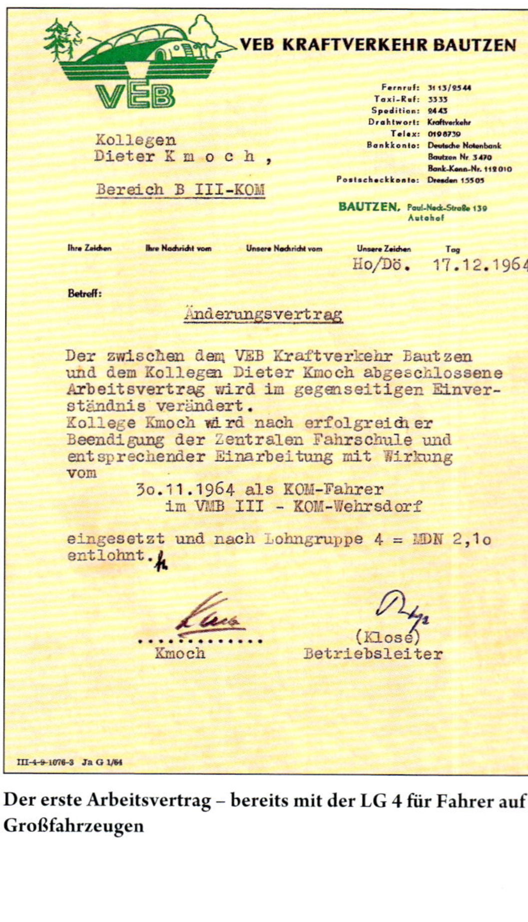

VEB KRAFTVERKEHR BAUTZEN

VEB

Fernruf: 3113/2544
Taxi-Ruf: 3333
Spedition: 2443
Drahtwort: Kraftverkehr
Telex: 0198739
Bankkonto: Deutsche Notenbank Bautzen Nr. 3470 Bank-Kenn-Nr. 112010
Postscheckkonto: Dresden 15505

Kollegen
Dieter K m o c h ,

Bereich B III-KOM

BAUTZEN, Paul-Neck-Straße 139 Autohof

Ihre Zeichen | Ihre Nachricht vom | Unsere Nachricht vom | Unsere Zeichen Ho/Dö. | Tag 17.12.1964

Betreff:

Änderungsvertrag

Der zwischen dem VEB Kraftverkehr Bautzen und dem Kollegen Dieter Kmoch abgeschlossene Arbeitsvertrag wird im gegenseitigen Einverständnis verändert.
Kollege Kmoch wird nach erfolgreicher Beendigung der Zentralen Fahrschule und entsprechender Einarbeitung mit Wirkung vom

3o.11.1964 als KOM-Fahrer
im VMB III - KOM-Wehrsdorf

eingesetzt und nach Lohngruppe 4 = MDN 2,1o entlohnt.

.... Kmoch

(Klose) Betriebsleiter

III-4-9-1076-3 Ja G 1/64

Der erste Arbeitsvertrag – bereits mit der LG 4 für Fahrer auf Großfahrzeugen

Der Autohof Bautzen, 1957 gebaut als Musterprojekt künftiger Autohöfe in ländlichen Gebieten der DDR
Foto: Archiv Kmoch

Wagenhallen im Autohof Bautzen
Foto: Archiv Kmoch

120 PS starken Csepel-Dieselmotors.) Es war sowohl für Fahrgast wie Fahrer beschwerlich, den Fahrpreis zu entrichten beziehungsweise zu kassieren, Fahrziel verständlich zu nennen und das bei meist vollem Bus.

Aber ich war nun endlich selbstständiger Fahrer, vorgesehen, künftig als Springerfahrer, abwechselnd auf drei Wagen, zu fahren. Begann meine Einweisung auf einem Ikarus 630, waren die beiden anderen Wagen vom Typ Ikarus 602. Es war Mitte der 1950er-Jahre und diese Fahrzeuge waren technisch längst nicht mehr zeitgemäß und die Innenausstattung verschlissen. Schlimmer konnte man einen jungen Menschen kaum enttäuschen vom modernen Omnibus im Kraftverkehr. Ein Bus mit etwa 36 Sitz- und zehn Stehplätzen, zwei Schlagtüren und einer Abtrennung zwischen Fahrgästen und Fahrern. Das Getriebe gerade verzahnt, unsynchronisiert, die Schaltgestänge zum Getriebe, über mehrere primitive, der Zeit geschuldet, verbrauchte Kreuzgelenke geführt, ließen sehr deutlich im Fahrgastraum hören, was der Fahrer gerade machte oder versuchen wollte. Dazu eine Federung ohne Stoßdämpfer, die jede Unebenheit der Straße direkt auf das Fahrzeug spürbar übertrug. Der Fahrersitz nur durch die Textilien gepolstert, sonst starr, auch nur horizontal auf Anpassung der Beinlänge verschiebbar. Lenkhilfe und weitere heutige Grundausstattungen waren Fremdworte. Der hohe Schwerpunkt des Fahrzeugbodens forderte direkt ein Schaukeln im Wageninnern heraus, die Fahrgäste auf den Stehplätzen hatten damit zu tun, sich an den Haltestangen festzuhalten. Bei gelegentlichem Einsatz mit Schaffnern war ein Gerangel mit den Füßen und ein Treten der Fahrgäste schon normal, die Fahrgäste nahmen es relativ gelassen, stand doch der Beförderungswunsch im Vordergrund.

Ziemlich ernüchtert vom Bus fahren, war doch mein Traum eigentlich der Fernverkehr in einem S 4001 oder einem H 6, vielleicht später sogar mit meinem Traumauto, einem Skoda RT 706, zu weit von der Gegenwart entfernt. Aber wie so oft kommt es anders als man denkt.

Nach wenigen Tagen als Springer auf dem Ikarus 602 war mein Einsatz beendet. Ein Skoda RTO 706 kam aus der Grundüberholung zurück in den Meisterbereich, also ein fast neuer Bus. Zeitgleich erhielt der ältere Kollege der beiden Stammfahrer einen mehrwöchigen Kuraufenthalt und musste zeitweilig ersetzt werden. Unerklärlich blieb mir immer, wie die Entscheidung als Ersatzfahrer auf mich fiel, weil das Fahren auf einem Skoda, noch dazu einem grundüberholten, für alle Fahrer damals ein Traum war. Nun also bekam der „Neue“ die Chance. Die gegenseitigen Sympathiewerte im Fahrerkreis erhielten sofort einen sehr spürbaren Dämpfer. Meine Sicht auf den Beruf eines Busfahrers änderte sich aber schlagartig und stellte sich völlig anders dar, denn auch nicht jeder Lkw-Fahrer fuhr einen Skoda RT 706, im Fernverkehr sowieso nur ausgewählte Mitarbeiter.

Stationiert war der Bus in einem Nachbarort und entgegen fast allen anderen Omnibussen war er in einer Garage abgestellt. Im Schichtbetrieb begann die erste Tour um 4.05 Uhr. Um kurz nach 3.30 Uhr musste der Wagen fertiggemacht werden im Rahmen des damals allgemein festgelegten und unterschriftlich zu bestätigenden Technischen Dienstes 1, nach dem in der Fahrerschulung gelernten Kürzel „Wolke" (Wasser–Öl–Luft–Kraftstoff–Energie). Pünktlich um 4 Uhr stand der Bus dann abfahrbereit an der Haltestelle und die ersten Schichtarbeiter eines 15 km entfernten Betrieb stiegen ein. Innerhalb weniger Tage war ich von den Stammfahrgästen „eingewiesen", wie die Linienfahrt so seit Jahren ablief und möglichst unverändert weiterlaufen sollte, wollte man das gute Verhältnis Fahrer–Fahrgast beibehalten. Anders als man heute die Anonymität zwischen den Mitmenschen oft erlebt, fand man hier fast familiäre Verhältnisse vor, die andererseits auch viele Kompromisse abverlangten – eben dörfliche Verhältnisse: Mal auf einen Fahrgast warten, der fast verschlafen hatte, aber sein Sitznachbar sich seiner Mitfahrt sicher war, oder auch einmal vor dem Bäcker halten, wenn der Laden um 18 Uhr schloss, aber die Familie noch ein Brot brauchte. Schnell war man Teil dieser Gemeinschaft.

Besonders erinnere ich mich an zwei Ereignisse: Einmal die untragbare Reifensituation mit den „Höhepunkten" 1964/65. Sogar auf der Vorderachse wurden runderneuerte Reifen gefahren, die Hinterräder waren teilweise mit Manschetten ausgelegt, die man bei den täglichen Reifenwechseln einlegen musste, um die Einstiche und Durchschläge zu überdecken. Da aber alle Fahrer mit den gleichen Problemen befasst waren, sah man es als normalen Vorgang an. Es gab regelrechte Wettstreite, wer am schnellsten eine komplette Reifenmontage erledigt. Selbst unterwegs mussten häufig Reifen gewechselt, zum Teil sogar die Reifendecken auf die Felgen aufgezogen werden. Dass die Fahrgäste dabei mithalfen, war schon Normalität. So passierte es einmal, an einem schneereichen Wintertag im Dezember, dass ein Reifen auf der Linienfahrt platzte. Der Bus war gut mit Fahrgästen besetzt, die von der Frühschicht nach Hause fuhren. Der Zwangsstopp ereilte uns fast vor der Tür einer Gaststätte. Als Fahrer hatte man nun

Mittels dieses Schaffnerutensils wurde das Fahrgeld eingesammelt und die Fahrscheine mit der Schaffnerzange entwertet *Foto: Archiv Kmoch*

Ikarus 630 – Nachfolger der Baureihe 601/602 unter Beibehaltung der Hauptbaugruppen *Foto: Archiv Kmoch*

nur eine Alternative: Reifenwechsel. Durch die Reifenknappheit fehlte jedoch ein montagebereites Ersatzrad auf solchen Linien im nahen Umkreis zum Standort. Im schlimmsten Fall wurde nach Anruf in der Einsatzleitung ein Kollege mit einem kleinen Barkas 902 geschickt, der ein Ersatzrad, das für mehrere Fahrzeuge vorgehalten wurde, brachte. Aber zuvor versuchte man sich immer selbst zu helfen. In besagtem Fall war es so. Sofort stiegen einige Männer mit aus, begutachteten wie ich den Schaden und gemeinsam wurde festgelegt: „... den reparieren wir ..." Ich kümmerte mich um die Bereitstellung von Wagenheber, Radkreuz, Ersatzschlauch und Klötzer, da lagen auch schon einige der Männer auf der Straße, um auf dem Schneeboden den Wagenheber mit Klötzern zu fixieren. Schnell war das Rad abgeschraubt, die Trilexfelge geöffnet, der Schlauch ausgetauscht sowie eine Manschette eingelegt und die Montage ging weiter. Mit der bordeigenen Druckluftversorgung wurde der Reifen gefüllt und schließlich wieder angeschraubt. Mit vielen Witzeleien und derben Scherzen über die allgemeine Situation verlief die Reparatur ziemlich schnell. Zwischendurch hatten die in der Gaststätte wartenden Fahrgäste noch einige heiße Getränke gebracht und damit die Laune hoch gehalten. Bei der Weiterfahrt fehlten nur wenige der vorherigen Mitfahrer, laufen wollte niemand. Glücklicherweise waren aber solche Fälle eher die Ausnahme und das Reifenproblem verbesserte sich ab Mitte 1965. Diese Hilfsbereitschaft der Menschen untereinander fehlt mir heute. Eine solche Sache ist im Jahre 2015 nicht mehr vorstellbar, da viele Fahrer nur über das Handy oder CB-Funk den Reifendienst holen, weil sie selbst keine Montage durchführen können und wollen.

Ikarus 602 in Linienausführung, 1962 im Autohof Bautzen vor einer Wagenabstellhalle. Bis 1961 wurden alle KOM in solchen Hallen abgestellt. Fehlende Werkstattkapazität durch Vergrößerung des Fuhrparkes erforderten ein neues Nutzungskonzept *Foto: Archiv Kmoch*

Eine andere Sache passierte am 24. Dezember 1964. Zum ersten Mal wollte ich mit meiner kleinen Familie den Heiligen Abend zu Hause feiern. Am Tage hatte ich Dienst gemeinsam mit meinem Kollegen Martin, er Fahrer und ich Schaffner. Das wurde jedes Jahr so praktiziert, dass die Schaffnerinnen Heiligabend dienstfrei gestellt wurden und die Männer allein die gesamte Tätigkeit übernahmen. Die letzte Tour begann um 15.50 Uhr und sollte 17 Uhr in unserem Standort enden. Vormittags haben wir noch ausgiebig den neu lackierten Skoda in der Wartungszeit gepflegt. Martin war für den technischen Teil, ich für die Innen- und Außenreinigung zuständig. Damals wusste ich nicht, dass Martin als passionierter Kaffeetrinker oft ein Schlendrian war. Jedenfalls hatte er das Tanken vergessen. Im Bus gab es auch keine Tankanzeige. Kühn behauptete Martin nachmittags, der Diesel reiche noch bis zur Betankung am ersten Feiertag. Bei unserer letzten Runde, so gegen 16 Uhr, passierte es am Ortsausgang einer kleinen Gemeinde. Der Bus wurde langsamer, der Motor stotterte. Martin hatte den Tank bis auf den letzten Liter leer gefahren. Was nun? Die wenigen Fahrgäste ließen sich auf nichts ein und liefen mürrisch zu Fuß die 3 km zur entfernten

Foto von einem Kollegen mit einem baugleichen Skoda RTO 706 Linie *Foto: Herbert Mildner privat – Archiv Kmoch*

Die Fahrer im Güterverkehr hatten gleiche Sorgen *Foto: Günter Heide*

Anhängerzug Skoda RTO 706 1967
Foto: Herbert Mildner privat – Archiv Kmoch

Gemeinde. Wir gingen etwa 400 m ins nahe gelegene Gasthaus und riefen, besorgt hoffend, im Verkehrsmeisterbereich an. Wir hatten sogar Glück. Ein anderer Kollege war eben von seiner Tour angekommen und erklärte sich bereit, uns 20 Liter Diesel mit seinem Ikarus 601 zu bringen. Das Problem begann aber damit, dass bereits ein Kanister fehlte. Kanister waren damals sehr rare Artikel, und die wenigen hatten nur als Restbestände den Krieg überlebt. Man schrieb 1964 (!!). Aber Karl war erfinderisch. Er trieb ein Behältnis auf und kam. Dummerweise hatten wir aber nur gesagt, wir rufen vom Gasthof in der Ortsmitte an, gehen zum Bus zurück und warten und warten… Nach etwa einer Stunde rufen wir wieder an. Karl war gerade wieder im Meisterbereich angekommen und schimpfte: „Wenn ihr doch Diesel habt, konntet ihr mir wenigstens entgegenfahren." Was war passiert? Er hatte gedacht, wir ständen am Gasthaus und warteten da. Da dort bei seiner Ankunft kein Bus stand, aber eine günstige Wendemöglichkeit bestand, fuhr er zurück. Also noch mal die Sache neu angehen. Damit war ich dann etwa um 19.30 Uhr zu Hause. Die Bescherung, sie war sowieso bei unserem wenigen Geld nur gering, konnte beginnen. Aber ich habe die Geschichte nie vergessen.

Nach Ablauf der sechs Wochen Vertretung fiel ich von einem Tag auf den anderen wieder in den Trott des Springerfahrers. Mein Arbeitsleben auf den Ikarus-„Oldtimern" begann erneut, und es ging turbulent weiter.

Wenn heute oft über die Randale Jugendlicher berichtet wird und schnell das Urteil fällt, dass es so etwas früher nicht gab, so muss auch einmal intensiv an die eigene Jugendzeit gedacht werden. Auch in den 1960er-Jahren gab es Probleme und Auseinandersetzungen unter den Jugendlichen, die nicht nur friedlich abgingen. Tanzsaalprügeleien gab es zu jeder Zeit, aber auch Auseinandersetzungen im Nachgang der Veranstaltungen. Da erinnert man sich als Fahrer sofort an die Rückfahrten im Linienverkehr von den Tanzabenden, insbesondere an eine Linienfahrt, bei der grundsätzlich Männer als Kassierer neben dem Fahrer fuhren. Die Schaffnerinnen lehnten es ab, diese Tour mit einem Hängerzug nachts zu fahren, sie wurden nicht nur verbal, sondern sogar tätlich bedroht.

Die berüchtigte Fahrt auf der R 112 um 0.40 Uhr ab Bautzen nach Sohland mit Halt um 0.50 Uhr in Rascha. Damals war die Gaststätte „Drohmberg" in Großpostwitz OT Rascha, mit einer Glastanzdiele und einem einmalig mit Leuchtstoffröhren als Reklameschriften gestyltem Tanzsaal, das Mekka der Jugend. Die Gaststätte fasste etwa 500 Gäste, aber 600 bis 700 waren samstags ständig dort. Die großen Kapellen waren sehr bekannt und beliebt, sie heizten so richtig ein, würde man heute sagen. Das führte auch oft zu Räumungen durch die Polizei. Unsere Linienfahrt war die einzige Verbindung um diese Zeit nach Veranstaltungsschluss ins Oberland. Wenn man bedenkt, dass ein Skoda mit Hänger nur etwa 120 Fahrgäste bei maximaler, nicht etwa zulässiger Auslastung abtransportierte, dann weiß man, was an der Haltestelle los war, wenn der schon halbbesetzte Bus aus Bautzen mit Nachtpendlern in Rascha ankam. Die jugendlichen Fahrgäste stellten sich demonstrativ vor den Bus und blockierten die Weiterfahrt. Obwohl meistens ein zusätzlicher Verstärkerbus vorhanden war, konnten wir oft nicht alle Fahrgäste befördern. Die Höhepunkte waren, dass die Jugendlichen sich vor die Busse legten, um eine Mitfahrt zu erzwingen. Nicht selten gab es Schlägereien unter den Fahrgästen, aber auch mit dem Fahrer. Es klingt unwahrscheinlich, aber es ist wahr. Wir hatten immer einen Hammer als Abschreckung auf der Motorabdeckung liegen, um uns vor Angriffen zu wehren. Ich erinnere mich nicht, dass außer einer Drohgebärde jemals Gebrauch davon gemacht wurde. Diesen Torturen wollten und konnten sich die Schaffnerinnen nicht aussetzen, also mussten wir Fahrer hier mit einspringen. Kräftige und von der Statur beeindruckende Fahrer konnten sich schnell Respekt verschaffen, anders war das schon bei uns jüngeren Fahrern. Nicht genug dieser Szenerie, zeitgleich erlebten unsere Kollegen aus Bautzen, die die Gegenrichtung bedienten, das Gleiche. Sie hatten einen schwachen Vorteil, sie kamen mit fast leerem Bus an und hatten damit mehr

Gelegenheit, den Zustieg zu kontrollieren. Die Polizei, meist nur der oder die Dorfpolizisten, standen immer abseits, aber was wollte der Mann allein auch machen. Die staatliche Rechtsauffassung war doch „was nicht sein darf – kann nicht sein". Die Randalen hielten etwa bis 1970 an, dann wurde aus diesen und auch hygienischen Gründen der Tanzsaal geschlossen. Der Wirt war ein erfolgreicher Mann in den letzten 20 Jahren geworden, aber die Gaststätte wurde zunehmend unwirtschaftlicher und der Eigentümer musste neue Pächter suchen. Aber noch heute erinnern sich Besucher mit glänzenden Augen an die Tanzabende unter der einmaligen Neonbeleuchtung der Barnischen oder den Tanz auf der Glastanzdiele. Es hatte etwas „Westfeeling und Große Freiheit" an sich – und das war doch der Wunschtraum vieler junger Menschen.

Es gab aber auch Erlebnisse ganz anderer Art. 1965 hatten wir einen sehr launischen und strengen Winter. Vor allem gab es immer wieder Stürme und in deren Folge hohe Schneeverwehungen. Winterdiensttechnik, wie wir sie heute kennen, gab es noch nicht im Kreis Bautzen. Der Winterdienst auf den Fern- und Landstraßen wurde von der Bezirksdirektion Straßenwesen (BDS), Standort Bautzen, zentral geleitet auf der Basis der langjährig gültigen Winterdienstpläne des Rates des Kreises Bautzen. Die operative Durchführung und der Fahrzeugeinsatz oblagen, bis auf Einsatz der wenigen Spezialtechnik, dem Kraftverkehr. Dieser wiederum setzte zu eigenen, speziell vorbereiteten Lkw vertraglich die privaten Fuhrbetriebe und die Lkw der Landwirtschaft ein. Oberflächlich betrachtet ein gut organisiertes System, wäre da nicht die schon genannte Reifen- und Ersatzteilmisere gewesen. Ausfälle, die nicht kompensiert werden konnten, und überbezirklich angeordnete Sondertransporte, zum Beispiel Kohletransporte aus den umliegenden Braunkohlegruben, ließen den Einsatzplan schnell zu einem Wunschzettel werden. Erschwerend war dabei zusätzlich, dass durch das Kreisgebiet die Transitstrecken der beiden heutigen Bundesstraßen B 6 und B 96 sowie die Autobahn Dresden–Bautzen führten. Diese Straßen waren gemäß Weisung des Verkehrsministeriums vorrangig frei zu halten, stellten sie doch die stark genutzten Transportwege nach Polen, der CSSR und dem Balkan dar. Besonders devisenbringende skandinavische Lkw fuhren vorzugsweise neben den grenzüberschreitenden Lastzügen aus den Nachbarländern diese Trassen.

Im besagten Winter 1965 trat eine solche schwierige Situation ein. Beginnend mit heftigen Schneefällen stellte sich Sturm ein. Alle Kapazitäten des Winterdienstes wurden alarmiert, aber wie so oft lief die Aktion zähflüssig an. Erste Meldungen kamen fast zeitgleich von den heutigen Bundesstraßen B 6 und B 96. Der Einsatz schwerer Technik war erforderlich, aber diese war fast nicht vorhanden. Lediglich die BDS verfügte über eine russische Schneefräse, die aber nur an einer Stelle eingesetzt werden konnte. Die großen Baubetriebe verfügten auch nur über wenige zum Einsatz geeignete Planierraupen, die wiederum mit Tiefladern zum Einsatzort gebracht werden

Foto einer baugleichen Schneefräse 2012 – dieser Typ war das einzige geeignete Räumfahrzeug 1965 im Kreis Bautzen, durch den jahrelangen Gebrauch aber auch sehr störanfällig

Foto: Archiv Kmoch

mussten, aber das war auch fast unmöglich. So geschah, was geschehen musste, die Straßen wurden meterhoch überweht. Besonders traf es die B 96 im Abschnitt Bautzen – Richtung Oberland. Die Transitstrecke B 6 war auf Weisung des Ministeriums für Verkehrswesen unter allen Umständen befahrbar zu halten. Damit war die einzige Schneefräse dort im Dauereinsatz. Die Situation auf der B 96 erreichte in den Nachmittagsstunden einen ersten Höhepunkt, als die Arbeiter aus den Betrieben nach Hause wollten. Konnten die Busse in der Stadt noch unter erschwerten Straßenverhältnissen leidlich fahren, war am Stadtrand die Straße nicht mehr auszumachen, nur eine Schneewand sichtbar. Der Sturm hatte aber über die flachen, tiefgefrorenen Felder den Schnee hinweggetrieben und die waren, wie zum Hohn, blank und braun frei. Heute nicht mehr bekannt, aber ein Kraftfahrer mit seinem Bus bog über einen Feldweg auf die festgefrorenen Felder ab. Der tiefe Frost hatte die Bodenoberfläche so ausgehärtet, dass der gut besetzte Wagen ohne Probleme über die Felder etwa 3 km fahren konnte und damit die Verwehungen umgehen konnte. Die folgenden Kollegen, sicher auch auf Drängen der Fahrgäste, fassten sich nun auch ein Herz und fuhren nach. In den nächsten Tagen war das die „normale" Fahrstrecke. Vorteil war, es musste auf dem hügeligen Abschnitt nicht mal gestreut werden, der Ackerboden machte es möglich. Begünstigend waren dazu die großen zusammenhängenden Felder, es gab keine Absätze oder unebenen Feldraine, damit keine Höhenunterschiede, die das Passieren der tiefliegenden Busse verhindert hätte. Aber gerade hier zeigten sich die Ikarus-Typen 602 und 630 als sehr wintertauglich. Auch wenn die Motorleistung hinter dem Skoda und H6 lag, die größere Bodenfreiheit machte die Überwindung von Schneeverwehungen möglich, während die beiden anderen Typen, ihrer Kopflastigkeit wegen, hängen blieben. Besonders aber zeichneten sich die Ikarus 66-Omnibusse mit ihren Heckmotoren und der damit großen Last auf der Antriebsachse in diesen Tagen aus. Sie glitten förmlich wie auf Kufen durch die Wehen. Doch davon gab es 1965 noch wenige im Betrieb Bautzen.

Nach Tagen erst war wieder Normalität eingetreten, der Schnee, teilweise von abgestellten Arbeitskräften der umliegenden Betriebe mit der Schaufel geräumt. Damit war aber noch nicht in abseits der Hauptstraßen liegenden Orten die Normalität eingetreten, dort dauerte es noch Wochen. Jubeln konnten aber die Kinder, denn der Schulverkehr war länger eingestellt und damit der Unterricht sehr unregelmäßig.

Spuren dieses Winters, die monatelang mangels freier Werkstattkapazität nicht beseitigt werden konnten *Foto: Archiv Kmoch*

Ich persönlich hatte auch ein Erlebnis, das sich sicher nicht so oft wiederholt. Früh 4:05 Uhr ab meinem Standort hatte ich eine Linie abseits der Hauptstraßen in einen 18 km entfernten Ort zu bedienen. Wendepunkt der Tour war ein Plastewerk, das in Schichten Duroplast-Teile für den Pkw Trabant herstellte. Wie überall in der Oberlausitz: Schneefall, Schneeverwehungen und schlecht geräumte Straßen. Mit meinem Ikarus 601 fuhr ich den letzten Linienabschnitt, etwas außerhalb des Ortes, auf einer unmittelbar vorher geräumten Straße. Die Winterdienstleute kannten die wichtigsten Omnibuslinienzeiten und reagierten entsprechend – und das Tag und Nacht. Besagte Straße war mit einem alten Holzspitzpflug aus der Zeit der Pferdegespanne, nun vom Traktor gezogen, geschoben worden. Der Traktorist hatte aber in Unkenntnis des genauen Straßenverlaufes und der schlechten Sicht durch den Schneefall den leichten Pflug zu weit rechts gefahren. Damit hatte er die halbe Straße rechts und den abschüssigen Straßengraben „gerade planiert". Mit meinen rund 20 Schichtarbeitern fahre ich nun auch im Schneegestöber, nur im Licht der vergilbten 35-Watt-Scheinwerfer, auf dieser wunderbaren Schneedecke, bis auf einmal ein Kippen des Busses spürbar wird. Die verschlafenen Fahrgäste wissen im Moment noch nicht, was passiert ist. Ich merke, der Bus neigt sich in Zeitlupentempo langsam auf die rechte Seite. Zu unserem Glück war der Graben nur etwa 1 m tief und eng. Nun aufgescheucht und von der Angst getrieben, wollte jeder so schnell wie möglich aus dem Auto. Aber niemand benutzte den Nothammer und zerschlug eine Scheibe. Der alte Ikarus, der über zwei luftbediente Falttüren verfügte, machte es möglich, die Türen von innen aufzudrücken und über die Schneewand nach draußen zu klettern. Alles ging rasend schnell, jeder freute sich, unbeschadet aus dem Wagen gekommen zu sein. Ohne viel Lamento liefen die Mitfahrer die letzten 500 m in den Betrieb und organisierten für mich Hilfe, den Bus wieder auf die Straße zu bringen. Dazu musste aber erst die Tatra-Zugmaschine des Kraftverkehrs aus Bautzen kommen und den Bus mit einer Seilwinde herausziehen. Außer einem abgebrochenen Spiegel und einem großen Schrecken war nichts passiert; Glück gehabt. Noch viele Jahre blieb ich sehr skeptisch bei frisch geräumten Nebenstraßen.

Noch sehr lange wurde von diesen Tagen gesprochen, vieles noch ausgemalt, einfach ein unvergesslicher Höhepunkt. Niemand ahnte, dass sich so etwas in dem Katastrophenwinter 1969/70, in etwas anderer Form, und in weit größerem Umfang wiederholen sollte. Heute sind solche Wetterereignisse fast schon ständiger Begleiter, dabei weniger der Winter mit dem Schnee, mehr das Hochwasser. So eine Katastrophe, in damaliger Zeit ohne heutige Möglichkeiten, lässt uns bereits bei dem Gedanken erschauern. Aber das ist Klimawandel in reiner Form.

Die Hauptaufgabe unseres Meisterbereiches bestand in der logistischen Absicherung des Berufsverkehrs für die im Dreischichtsystem arbeitenden Betriebe. Teilweise arbeiteten in den Textilbetrieben, mit mehreren dezentralen Zweigstellen, 1500 und mehr Beschäftigte. Größter Arbeitgeber war der Waggonbau in Bautzen mit damals rund 3000 Mitarbeitern. Aber das waren nur einige der im weiteren Umkreis von 25 km angesiedelten Werke. Die Arbeiter kamen größtenteils aus den umliegenden Dörfern. Dazu musste der Linienverkehr für die Schüler zu den weiterführenden Schulen und der ganz normale öffentliche Personenverkehr zwischen den Orten organisiert werden. Das in Einklang zu bringen mit den unzureichenden Beförderungskapazitäten und trotzdem zeitoptimal zu den Schichtzeiten der Betriebe und Schulbeginnen, war eine Herausforderung, die einer straffen und uneigennützigen Organisation im Zusammenwirken von Verkehrsträger und Betrieben sowie Bildungseinrichtungen bedurfte. Diese Koordinierung erfolgte durch die Abteilung Verkehr der zuständigen Kreise im Rahmen von sogenannten Berufsverkehrsaktiven. Diese BVA waren ein Gremium, dem neben dem Ratsmitglied, der Leiter des Kraftverkehrs und ausgewählte Leiter der Großbetriebe sowie Schuldirektoren angehörten. Wie immer in der damaligen sozialistischen Gesellschaft waren natürlich Partei und Gewerkschaftsfunktionäre mit vorschlagsberechtigt am Tisch. Wenn das heute auch alles sehr direktiv erscheint und diktatorische Beschlüsse in Kompromisse umzuwandeln waren, die Nutzung der Fahrzeuge erfolgte optimal, auch wenn der Beförderungsbedarf ständig den -möglichkeiten vorauseilte. Aber alles war letztlich nur ein Kompromiss, mit dem Vorhandenen das Beste zu machen. Dabei halfen auch immer die privaten Omnibusbetriebe, die aktiv in das Beförderungsgeschehen eingebunden und unverzichtbarer Bestandteil waren. Ihre Mühen, den veralteten Fahrzeugpark immer pünktlich bereitzustellen, können nicht hoch genug bewertet werden, waren doch die meisten Wagen noch Vorkriegstypen, die oft nur in handwerklicher Eigenleistung karossiert waren.

W 500 – Aussonderung Dezember 1964. Der Bus hatte einen Zwölfzylinder-Motor mit 280 bis 320 PS aus einem Militärfahrzeug – geballte Kraft für die damalige Zeit *Foto: Archiv Kmoch*

Ikarus 66, Baujahr 1961, Inv.-Nr. 2759 *Foto: Archiv Kmoch*

Im März 1965 erfolgte in unserem Meisterbereich die Neuzuführung eines Ikarus 66 Linienbusses als Ersatz für einen der ersten Nachkriegsomnibusse der DDR, einem W 500. Äußerlich ähnelte er bereits seinem Nachfolger, dem H6B. Dadurch wurde ein Stammfahrerplatz durch Umbesetzungen auf einem weiteren sehr gepflegten 66-er frei. Ab März 1965 fuhr ich zusammen mit einem als ausgesprochenen Wagenpfleger bekannten Kollegen den „Sputnik 2759". Er konnte als Alleinfahrer die gestellten Anforderungen, trotz 380 Stunden im Monat und keinem freien Tag, nicht mehr schaffen. Die Doppelbesetzung war vor allem für die Monate März bis Anfang November immer geplant.

Wir fuhren so alles, was im BT Bautzen gefahren wurde. So kam ich auch auf die Linie Bautzen–Oybin oder Bautzen–Weißwasser, natürlich auch Bautzen–Dresden. Wir bedienten auch die kleinen Linien auf die sorbischen Dörfer, besonders am Wochenende. Dort wurden die Fahrgäste gefragt (sofern einer mitfuhr), wo hält denn der Bus sonst oder was haben sie das letzte Mal bezahlt. Tourenpläne gab es nur für große Strecken, einzige Hilfe war der öffentliche Fahrplan, aus dem man Strecke und Kilometer ablesen konnte zur Errechnung des Fahrpreises. Es war einfach alles viel gemütlicher und, was die Fahrpreisabfrage betrifft, ehrlicher.

Eine Hauptleistung im Sommer war aber der Urlauberverkehr. Es waren feststehende Sonderfahrten zwischen 8 Uhr und 18 Uhr ins nahe Zittauer Gebirge, die Sächsische Schweiz oder den Muskauer Park. Für 12 bis 14 Mark konnten Sommergäste die Umgebung kennenlernen. Die Urlaubsaufenthalte waren von der Gewerkschaft organisiert und wurden an die Betriebe zum Preis von 30 DDR-Mark je Urlauber vergeben, und durch billige Sonderfahrten attraktiver gestaltet. KdF ließ grüßen! An vier bis fünf Wochentagen wurde von uns, nach den morgendlichen Linienverstärkungsfahrten, diese Leistung gefahren. Im Urlauberverkehr kam ich mit vielen älteren Reiseleitern zusammen, die überwiegend zwangspensionierte Lehrer waren. Sie hielten sich stark in ihren politischen Äußerungen zurück, ließen aber ihrer Heimatkunde aus früherer Zeit freien Lauf. Da habe ich meine Heimat Oberlausitz so richtig kennen gelernt, seine Berge, Gewässer und Dörfer. Die nahen tschechischen und polnischen Berge wurden mit ihren alten deutschen Namen bezeichnet, oft zum Verdruss mitreisender Genossen, die darin revanchistisches Gedankengut sahen und das auch lauthals bekundeten. Letztlich hatte es keine Konsequenzen und so blieb es auch. Das wiederholte Erzählen kommt mir noch heute zugute und weckt immer wieder schöne Erinnerungen. Die Fahrten hatten auch Vergünstigungen zur Folge. In der Milchbar Jonsdorf kehrten wir grundsätzlich mit den Reisegästen ein, denn für Reiseleiter und Fahrer war die Zeche frei und ein Parkplatz wurde immer vom Wirt frei gehalten, selbst wenn wir mit vier bis sechs KOM zu gleicher Zeit rückwärts in den engen Hof mussten. Mittagessen gab es meist in kleinen privaten Dorfgaststätten, die auch immer mit den Reiseleitern „kungelten“ und wir dadurch das Essen gratis erhielten. So konnte die „großzügige“ Auslösung, bei mehr als zwölf Stunden Arbeitszeit von anfangs 4,50, später 6 DDR-Mark, gespart werden.

Die Reiseleiter kamen oft aus den Urlaubsorten. So traf ich hier auch wieder auf ehemalige Lehrer aus meiner Grund- und Mittelschulzeit. Bei Fahrten für das Reisebüro Zittau lernte ich einen ehemaligen Schulleiter der Olbersdorfer Schule kennen. Er erzählte mir, dass er in der DDR wegen seiner Naziparteizugehörigkeit noch in den Sechzigerjahren Lehrverbot hatte. Gleichzeitig erzählte er von der in der Weimarer Republik gebauten Musterschule in Olbersdorf, die – sowohl von der baulichen Gestaltung als auch von den Lehrplänen – heutigen Ganztagsschulen mit Werkunterricht entsprach. Aber in seinen Erklärungen ließ er immer wieder seine „staatsfeindliche“ Gesinnung, die bei den Fahrgästen schmunzelnde Zustimmung auslöste, erkennen.

Auf einer Sonderfahrt ins Osterzgebirge mit mehreren großen Ikarus lotste uns ein Reiseleiter über eine Holzbrücke zu einer etwas von der Straße abgelegenen Gaststätte. Nach dem Kaffeegedeck ging es weiter. Ich war der letzte von drei Bussen, der losfuhr. Ob nun durch die kurze Zwischenzeit der Brückenüberquerung oder ob es allein die Baufälligkeit war, jedenfalls hatte ich gerade mit der Hinterachse die Brücke verlassen, da gab es ein lautes Krachen und Holzbalken samt Decklage schwammen im schmalen Bach. Noch mal Glück gehabt, aber gewarnt bei künftigen Brückenbefahrungen.

Neben sehr vielen Überstunden und einer aktiven Fahrzeugpflege war es eine arbeitsreiche, aber auch nicht schlecht bezahlte Zeit. Für meine spätere Arbeit erhielt ich unbewusst eine Lebenslektion, die mir oft Entscheidungen über Reparaturen oder Zumutbarkeit einer Arbeit für unterstellte Fahrer erleichterte. Ich musste meinen Bus auch selbst reparieren: Vom oft täglichen Zylinderkopfwechsel über Kupplungswechsel bis Einstellungen der Einspritzpumpe und so weiter und das meist nachts allein oder mit unserem bereits im Ruhestand befindlichen Schlosser Fritz, der bis zu 20 Stunden täglich in der alten ehemaligen KVG-Halle anwesend war. Fritz lebte als ausgewiesener Ostgörlitzer (heute Zgorzelec) im Standort. Vor seiner Vertreibung aus dem durch Polen übernommenen Görlitzer Stadtteil arbeitete er seit der Lehre bei der KVG Freistaat Sachsen. Er war der alte KVGler „durch und durch“ bis zum Lebensende. Der kinderlose Fritz war damals „reich“, denn neben einem stattlichen Konto besaßen er und seine Frau einen Pkw P 70, den kleineren Vorläufer des Wartburg. Freizeit kannte er nicht, nur „seine Kraftverkehr“, wie er die KVG Freistaat Sachsen nannte.

Andererseits aber lernten wir ständig dazu. Wir schafften den Zylinderkopfwechsel unter einer Stunde. Der Csepelmotor hatte sechs Einzelköpfe, die sehr dünnwandig waren und durch das unterdimensionierte Kühlsystem Hitzerisse im sogenannten Steg bekamen. Der hohe Verschleiß von Zylinderköpfen wiederum erforderte Regenerierung in Eigenregie. Die Qualität ließ jedoch sehr zu wünschen übrig, da die Schweißungen und das ermüdete Material sofort neue Risse auslösten. Der Austausch von Wasserpumpe, Anlasser oder Lichtmaschine waren so Arbeiten, die oft in einer Stunde erledigt wurden.

Die Kupplung habe ich einmal nachts allein in Spitzenzeit unter drei Stunden ausgetauscht. Und das ohne Grubenwagenheber, nur mittels der hydraulischen Pannenheber des Fahrzeugs. Gelernte Arbeitsschutzanweisungen ignorierte man unbewusst. Aber es wurde gemacht, schließlich musste der Wagen am Morgen wieder rollen, davon war man auch ohne politischen Zwang überzeugt – allein zu zeigen, was man für ein Kerl war, stand im Vordergrund. Wie gesagt, es gab regelrechte Wettbewerbe untereinander, die durch den durchgängigen Dienst kontrollierbar waren. Wasserpumpe und Anlasser wechseln waren später ein Spezialgebiet von mir. Diese Reparaturen waren für die meisten Schlosser einfach ein Horror, weil sie nicht darüber nachdachten, welche Teile einzubauen waren, um später einen leichten Wechsel zu haben. Ich hatte mir aus den verschiedenen Typen der Wasserpumpen, die zwar alle passten, genau die flache Bauart ausgesucht, die sich mit Hilfe eines selbst geformten Schraubenschlüssels ohne Ausbau des Anlassers montieren ließ. Ähnlich verhielt es sich beim Anlasser; dieser ging nur zu wechseln mit dieser Wasserpumpe und etwas Fingerfertigkeit. Einigen Kollegen und mir gelangen beide Reparaturen unter 30 Minuten, in der Werkstatt war das oft eine Tagesarbeit, manche der Schlosser verdrückten sich ganz und ließen dich stundenlang stehen.

Mitte November 1965 war der Urlauberverkehr saisonbedingt ausgelaufen und der Sputnik wurde wieder nur noch mit einem Fahrer besetzt, weil wir auch nicht ausreichend Stunden zu zweit hatten. Deshalb fuhr ich zeitweise auf anderen Wagen. Es muss eine sehr angespannte Reparatursituation gewesen sein, denn unser Meisterbereich bekam zur Überbrückung einen zur Aussonderung stehenden 120 PS starken Ikarus 601 in Stadtausführung, so das Schlimmste, was einem als Fahrer unterkommen konnte. Die Bautzener nannten das Ding „Combo", und so war auch der innere Lärmpegel. Nichts mehr schallgedämmt, wenn überhaupt einmal, Reifen 12.00-22, eine athletische Leistung war damit jeder Reifenwechsel. Die Beliebtheit bei den Fahrgästen hielt sich in solchen Grenzen, dass man ständigen Anfeindungen ausgesetzt war. Schließlich hatte das ehemals im Stadtverkehr Bautzen laufende Vehikel auch nur 21 oder 23 Sitzplätze, dafür konnten aber regelwidrig bis 100 Fahrgäste mitfahren. Zur Lösung des „Problems" also optimal. Das Schärfste war, in der Zeit, als auch die Skoda mit Motorschäden oft ausfielen, dass ich deren Anhänger anhängen musste und die am Fahrgastaufkommen stärkste Linie im KV BZ, die R 112, im Berufsverkehr bedienen durfte. Der kleine 120-PS-Motor war natürlich mehrfach überlastet, nur dank des Stadtgetriebes war überhaupt ein Fahren möglich. Am Kirschauer Berg kochte vorn der Motor, hinten schwitzten die Fahrgäste ob der großen Motorwärme und dem mulmigen Gefühl: „Wird er es denn schaffen?"

Gemeinsam mit einem Kollegen, der gerade auch im Reiseverkehr keine Arbeit hatte, fuhren wir einige Tage im Schichtverkehr. Nach etwa zwei Wochen war das Ende da, der Motor kaputt, die Beschwerden

Ikarus BR 601/602 Stadtausführung. Unvergleichbar mit heutigen KOM die Einstieghöhe und der Komfort im Inneren

Werksfoto von Ikarus

Diesen schweren Anhänger musste der 120-PS-Csepelmotor ziehen

Foto: Archiv Kmoch

Ikarus 31 Luxus 1967 – in neuem Lack *Foto: Archiv Kmoch*

häuften sich und so weiter. Der Bus wurde nicht mehr repariert, sondern sofort verschrottet. Wir bekamen nochmals einen Stadtwagen vom Typ 601, der in besserem Zustand war und auch nur noch bis zur Ersatzzuführung im Mai laufen sollte. Mit diesem Vehikel fuhr ich, bis ich, wieder durch glückliche Umstände, einen generalüberholten kleinen Ikarus 31 Luxus erhielt und in den Reiseverkehr einstieg. Die folgenden Jahre mit diesem, von mir sehr liebgewonnen kleinen Bus könnten eine weitere Geschichte sein.

Schöne Erinnerungen an die Zeit als Omnibusfahrer: 1966: Ikarus 31 Lux (oben links), 1967 zehn Tage unterwegs durch die DDR (oben rechts), Im Herbst 1968 in Karpacz am Lift zur Schneekoppe (Mitte links), Winterpause 1969/70 (Mitte rechts), 1968: auf dem Parkplatz vor dem Hradschin in Prag (unten) *Fotos: Archiv Kmoch*

Hanspeter Huwyler

Amerikanische Autobusse für die Innerschweizer Stadt Luzern

Luzern, die Hauptstadt des gleichnamigen Innerschweizer Kantons, liegt auf 436 m über Meer an der Stelle, wo der Fluss Reuss im Westen den Vierwaldstättersee verlässt. Das ehemalige Fischerdorf Luzern trat 1332 unter langer Habsburgermacht in den Bund der Eidgenossenschaft (nur gerade 40 Jahre nach deren Gründung). Die völlige Unabhängigkeit erlangte Luzern nach dem Sieg in der Schlacht bei Sempach im Jahre 1386. Luzern ist die größte Stadt in der Zentralschweiz mit 78786 Einwohnern im Jahr 2012.

Vorgeschichte

Der Schweizerische National- und Ständerat stimmte am 17. Dezember 1897 dem Beschluss des Bundesrates zum Entwurf für eine Erteilung einer Konzession für eine elektrische Straßenbahn in Luzern zu. Die Konzession wurde dem Stadtrat zuhanden der Einwohnergemeinde Luzern erteilt, und zwar für den Bau und Betrieb einer elektrischen Straßenbahn in der Stadt Luzern sowie auf den Gemeindegebieten von Littau und Emmen. Die Konzession für eine Dauer von 80 Jahren umfasste folgende Linien:

- Maihof–Schweizerhofquai–Seebrücke–Bahnhofstraße–Baselstraße–Kreuzstutz
- Hotel de l'Europe–Schweizerhofquai–Seebrücke–Bahnhofstraße–Station der Krienserbahn.

Die feierliche Einweihung der elektrischen Straßenbahn Luzern erfolgte am 7. Dezember 1899, am darauffolgenden Tag wurde der fahrplanmäßige Betrieb eröffnet. Die Kollaudation (amtliche Abnahme) war bereits am 4. Dezember 1899 erfolgt.

Die auf Stadtgebiet von Luzern endigende Kriens-Luzern-Bahn (KLB) wurde am 20. Oktober 1886 amtlich abgenommen. Am 17. Dezember 1898 stimmte die Schweizerische Bundesversammlung (National- und Ständerat) der Konzessionsübertra-

Saurer 4AN mit Niederrahmenchassis Nummer 993/32 und Benzinmotor AE Nummer 14021, erste Inverkehrsetzung 16. Juli 1927 beim Kraftwagenbetrieb der Städtischen Straßenbahn Zürich als Betriebsnummer 2, Aufbau Schweizerische Wagons- und Aufzügefabrik Schlieren bei Zürich. Das identische Schwesterfahrzeug Nummer 3 hatte am 26. Juli 1927 Vorführfahrten in Luzern absolviert

Foto: Werkbild Ad. Saurer AG Arbon, Nr. 5701 (Aufnahme Juli 1927)

gung der KLB an die Einwohnergemeinde Luzern zu. Der Umbau der KLB auf Trambetrieb erfolgte zwischen dem 17. April und 29. August 1900 (Inbetriebnahme des Trambetriebes war am 2. September 1900).

1905 sowie 1907 und 1908 verkehrte auf der Strecke Horw–Luzern–Horw ein Pferdeomnibus. Der vom Horwer Initiativkomitee organisierte Betrieb war infolge mangelnder Rentabilität nicht überlebensfähig. Am 26. Juli 1927 wurde der Saurer 4AN Omnibus Chassisnummer 993/40 und Benzinmotor AE Nummer 14022 des Kraftwagenbetriebes der Städtischen Straßenbahn Zürich (St.St.Z.) dem Stadtrat von Luzern und der Direktion der Trambahn Luzern (TrL) vorgeführt. Der Saurer-Omnibus mit der Betriebsnummer 3 hatte zuvor Vorführfahrten in Milano (Italien) und in der Tessiner Stadt Lugano absolviert. Auf dem Heimweg nach Zürich, wo das Fahrzeug am 8. August 1927 auf der neu eröffneten Linie Rigiplatz–Hardplatz–Utobrücke eingesetzt wurde, fanden dann noch die Vorführfahrten in Luzern statt. Die Fahrten in Luzern gingen nach Meggen und Horw und fanden unter Ausschluss der örtlichen Presse statt. Der Zürcher Autobus hatte ein Fassungsvermögen von 30 Sitz- und 15 Stehplätzen. Das Chassis von Saurer Arbon kostete Fr. 27000, dazu kam die Karosserie von der Schweizerischen Wagons- und Aufzügefabrik in Schlieren zum Preis von Fr. 16500 (Totalpreis Fr. 43500).

Erst mit der einstimmigen Zustimmung des Großen Stadtrates von Luzern am 9. Januar 1928 wurde zwischen Luzern und Horw eine probeweise Autobusverbindung geschaffen. Ohne Volksabstimmung wurde für diese Linie ein Saurer 3A Omnibus Chassisnummer 20054/36 und Benzinmotor AE Nummer 14435 beschafft (Preis Fr. 45000). Die Ablieferung erfolgte am 14. Mai 1928, die Probefahrten begannen am 16. Mai 1928, der Betrieb wurde schließlich an Auffahrt, 17. Mai 1928 aufgenommen. Die Karosserie wurde von der Schweizerischen Wagons- und Aufzügefabrik in Schlieren hergestellt. Garagiert wurde der Autobus Nummer 1 der Trambahn Luzern in der Halle des Städtischen Bauamtes an der Gibraltarstraße. Am 25. April 1929 hatte der Stadtrat die Fortsetzung des Probebetriebes beschlossen.

Vom 30. Oktober bis 2. November 1921 wurde ein Versuchsbetrieb mit einem Autobus auf der Linie Kreuzstutz/Schlossberg–Friedental (Friedhof) durchgeführt. Der Versuchsbetrieb war nicht kostendeckend und bescherte der Stadt Luzern ein Betriebsdefizit. Aus diesem Grund wurde der weitere Betrieb dieser Linie von 1923 bis 1925 der privaten Transportunternehmung Bucher & Suter aus Luzern übertragen. Erst am 17. Mai 1928 wurde die Strecke nach dem Friedental offiziell ins Netz der Trambahn Luzern als Autobuslinie aufgenommen.

Am 15. Dezember 1928 wurde der Busbetrieb auf der Überlandlinie Luzern–Ebikon–Dierikon–Buchrain und Perlen aufgenommen. Für diese Linie wurde ein Saurer 4BPOL Omnibus mit der Betriebsnummer 2 und einer Werkkarosserie ebenfalls von Saurer beschafft (Chassisnummer 20074/7 und Benzinmotor BL Nummer 14637, Ablieferung 29. Oktober 1928). Am 30. April 1929 wurden zwei weitere Saurer 4BPOL Omnibusse mit den Betriebsnummern 3 und 4 übernommen (Chassisnummern 20108/17 und 20108/18, Benzinmotoren BL Nummern 70033 und 70035, Aufbau von Saurer Arbon).

Die Sanierung der engen Verkehrsverhältnisse an der Haldenstraße in Luzern bedingte die Entfernung der Tramgeleise. Für Abklärungen zur Lösung dieses Problems reisten am 20. August 1929 Stadtrat Max Wey und TrL-Direktor Anton Wermelinger nach Wiesbaden (D). Die dortigen Städtischen Verkehrsbetriebe hatten bereits Linien des Straßenbahnnetzes auf Omnibusbetrieb umgestellt und waren voll des Lobes über diese Umstellungen. An der Gemeindeabstimmung vom 1. Dezember 1929 wurde die Umstellung in der Haldenstraße von Tram- auf Busbetrieb vom Luzerner Stimmvolk an der Urne angenommen (Einstellung Trambetrieb Anfang 1930).

Am 15. Juli 1930 wurde der Busbetrieb auf der Linie bis Steghof aufgenommen. Dies hatte die Anschaffung der sieben Autobusse Saurer 4BPOL mit den Betriebsnummern 5 bis 11 zur Folge. Die Omnibusse mit den Chassisnummern 20108/39 bis 20108/45 besaßen einen Radstand von 5800 mm wie ihre Vorgänger. Die Ablieferung erfolgte zwischen dem 27. Februar und dem 14. Juli 1930, fünf Busse wurden von Saurer karossiert (Betriebsnummern 5 bis 9) und zwei von Ruckstuhl in Luzern (Betriebsnummern 10 und 11).

Am 25. Mai 1934 wurde auf der Linie Bahnhof Luzern–Wesemlin der fahrplanmäßige Betrieb aufgenommen. Die Eröffnungsfahrt erfolgte am Tag zuvor mit dem Saurer 4BPOL Omnibus Nummer 8 (Chassisnummer 20108/44 und Benzinmotor BL Nummer 70060, Aufbau Saurer Arbon).

Die Überlandstrecken wurden am 1. April 1935 in die Linien des Stadtautobusnetzes integriert. Die definitive Konzession wurde der Trambahn Luzern ab dem 1. Dezember 1934 erteilt. Mit der Eröffnung der ersten Trolleybus-Linie in Luzern am 25. Januar 1942 wurde die bisherige Betriebsgesellschaft Trambahn Luzern (TrL) in Verkehrsbetriebe der Stadt Luzern (VBL) umbenannt.

Die Stadt Luzern benötigt dringend neue Autobusse

Die Nachkriegsjahre waren in Luzern, wie vielerorts, durch eine massive Verkehrszunahme geprägt. Mit dem damals vorhandenen Fuhrpark konnte das erhöhte Verkehrsvolumen im Winter 1945/46 nicht mehr bewältigt werden. Für die Straßenbahn wurden 1942 drei gebrauchte Motorwagen aus Winterthur/ZH gekauft. 1942/43 wurden zusätzlich vier gebrauchte Tramwagen aus Zürich und sieben Straßenbahn-Anhängewagen aus Basel gekauft. Zugleich war die Umstellung der Linie Luzern Bahnhof–Emmenbrücke von Tram- auf Trolleybus-Betrieb geplant. Die vorhandenen Autobusse aus den Jahren 1928 bis 1939 waren teilweise störungsanfällig und konnten nur noch mit erheblichen Unterhaltskosten in Betrieb gehalten werden. Eine Beschaffung von neuen Autobussen war nun im Jahr 1947 dringlich geworden. Aufgrund von eingeholten Offerten wurde für die Beschaffung von vier Autobussen mit Ersatzteilen aus einheimischer Produktion ein Kostenrahmen von Fr. 560 000 festgelegt. In der Gemeindeabstimmung vom 10./11. Januar 1948 hatten die Luzerner Stimmberechtigten dem Kredit in dieser Höhe für die Beschaffung von vier Autobussen an der Urne zugestimmt. Die europäische Generalvertretung der Twin Coach Company in Kent/Ohio (USA), N.V. Autra in Laren (Nordholland), hatte von der bevorstehenden Beschaffung neuer Autobusse in Luzern erfahren. Sogleich nach der Abstimmung in Luzern hatte N.V. Autra Mitte Januar 1948 eine Offerte für Autobusse nach Luzern geschickt. Der Preis für einen Twin Coach-Autobus lag bei Fr. 110 000 und dies bei einer Lieferfrist von nur drei bis vier Monaten. Die Konkurrenzofferte von Saurer Arbon lag bei Fr. 136 000 für einen Autobus vom Typ „Zürich“ (4ZP) bei einer Lieferfrist von mindestens 36 Monaten. Der Saurer Typ „Heck Bern“ (4HP) wurde bei gleicher Lieferfrist für Fr. 145 000 offeriert. Bei einer Kreditsumme von Fr. 560 000 erlaubte das amerikanische Angebot die Anschaffung von fünf, gegenüber nur vier Fahrzeugen beim Saurer-Angebot. Die Verkehrsbedürfnisse in Luzern erforderten zudem die sofortige Anschaffung der Autobusse, die neuen Fahrzeuge sollten möglichst schnell einsetzbar sein. Diese Bedingung konnte die einheimische Nutzfahrzeugindustrie bei Lieferfristen von drei Jahren in keiner Weise erfüllen. Bei der Beschaffung von ausländischen Autobussen gab es noch zwei grundlegende Probleme zu klären: Der Artikel 32 der Kraftwagenverordnung vom 8. Februar 1916 bestimmte, dass für die ausschließlich auf Schweizergebiet verkehrenden konzessionierten Automobilunternehmungen jegliches Material, das in der Schweiz hergestellt werden konnte, von schweizerischen Fabriken bezogen werden sollte. Abweichungen hiervon mussten vom Eidgenössischen Post- und Eisendepartement bewilligt werden. In der ersten Nachkriegszeit waren die Lieferfristen der schweizerischen Motorwagenindustrie derart lang, dass der damals herrschende Nachholbedarf der öffentlichen Verkehrsbetriebe an Personentransportwagen nicht innert nützlicher Frist im Inland gedeckt werden konnte. Die Oberpostdirektion wie auch einzelne konzessionierte Unternehmungen sahen sich deshalb gezwungen, mit Zustimmung des oben erwähnten Departements ausländische Fahrzeuge zu bestellen. Die Oberpostdirektion in Bern beschaffte zum Beispiel in den Jahren 1947/48 Alfa Romeo-Autobusse vom Typ 430A fertig karossiert direkt in Italien (36 Fahrzeuge mit den Polizeikennzeichen P 1403 bis P 1410 und P 2084 bis P 2111). Ein weiteres Problem betraf die Breite von 2430 mm bei den Twin Coach-Autobussen. Das damals geltende Eidgenössische Automobil- und Fahrradgesetz, gültig ab 1. Januar 1933, schrieb eine maximale Fahrzeugbreite von 2400 mm für schwere Gesellschaftswagen, die fahrplanmäßig auf einer bestimmten Strecke fuhren, vor.

Probefahrten mit einem amerikanischen Twin Coach-Autobus in Luzern

Die europäische Twin Coach-Vertretung in Laren stellte den VBL einen solchen Autobus vom Typ 41-S für Probefahrten zur Verfügung. Twin Coach wollte unbedingt mit der Lieferung von Autobussen in Europa Fuß fassen. Die Bus-Beschaffung in Luzern bot nun die einzigartige Gelegenheit, in diese Stadt Fahrzeuge zu liefern. Es wurde von Twin Coach alles unternommen, um diesem Geschäft zum Durchbruch zu verhelfen. Der Twin Coach-Vorführwagen mit Chassisnummer 41-S-27 und holländischem Polizeikennzeichen GZ 81203 traf am Sonntag, 21. März

1948 in Luzern ein. Am nächsten Tag wurden Probefahrten auf der Strecke Tramdepot Luzern–Seeburg–Meggen–Schönau–Luzern durchgeführt. Die Abwicklung der Zollformalitäten für diese Probefahrten erfolgte durch die Firma Danzas & Co. AG am Holbeinplatz in Basel. Nach diesen Probefahrten hatte die Kommission, bestehend aus dem Stadtrat, der Bau- und Finanzkommission sowie dem Großen Stadtrat Luzern, am 13. April 1948 die Beschaffung von fünf Twin Coach-Autobusse einstimmig beschlossen. Die folgenden Fakten führten zu diesem Beschluss:

- Der Twin Coach-Autobus war eine bereits erprobte Konstruktion (in Amerika standen zirka 3000 Busse im täglichen Einsatz)
- Lieferfrist von nur drei bis vier Monaten (Schweizer Busse Lieferfrist von mindestens 36 Monaten)
- Automatischer Drehmomentwandler anstelle von Getriebe und Kupplung
- Der bewilligte Kreditrahmen von Fr. 560000 ermöglichte die Beschaffung von fünf Twin Coach-Bussen gegenüber von nur vier Schweizer Fahrzeugen.

Der Stadtrat hatte nun abschließend am 22. April 1948 die Beschaffung der fünf Twin Coach-Autobusse zum Einzelpreis von Fr. 110000 beschlossen, Totalpreis Fr. 572500 inklusive der Schweizerischen Warenumsatzsteuer (WUST). Die Ermächtigung zur Auftragsvergebung an die VBL lag auch in der Kompetenz des Stadtrates, sie wurde am 24. April 1948 erteilt. Der Kaufvertrag zwischen der Einwohnergemeinde Luzern und der Twin Coach Company in Kent/Ohio (USA) wurde am 27. April 1948 aufgesetzt. Am 4. Juni 1948 kam noch eine Zusatz-Vereinbarung hinzu (Ozean-Frachtkosten, Seetransportversicherung und Ueberführungskosten Rotterdam–Luzern). Am 6. Juli 1948 wurde in den USA der Vertrag unterzeichnet und bestätigt. Aufgrund der langen Lieferfristen der einheimischen Nutzfahrzeugindustrie wurde zwischenzeitlich am 11. Mai 1948 die Einfuhrbewilligung für die Autobusse aus Amerika durch das Eidgenössische Volkswirtschaftsdepartement, Sektion Ein- und Ausfuhr, in Bern erteilt. Die Zahlungsmodalitäten wurden im Verkaufsvertrag wie folgt festgelegt: Anzahlung ein Drittel des Verkaufspreises bei Bestellung, ein Drittel bei Ablieferung der Fahrzeuge in New York (USA), letztes Drittel bei Übernahme der Fahrzeuge in Rotterdam (NL). Die erste fällige Anzahlung von Fr. 151057,50 wurde am 30. Juni 1948 von Luzern in die USA nach Kent/Ohio überwiesen.

Innenraum des VBL-Twin Coach Nummer 76, Blick vom Chauffeur gegen das Wagenheck

Foto: Hanspeter Huwyler Zürich (VBL-Garage Weinbergli, 27.11.2002)

Die amerikanischen Twin Coach-Autobusse treffen in Luzern ein

Die fünf Twin Coach-Autobusse für Luzern hatten nach ihrer Fertigstellung am 28. Juli 1948 das Buffalo-Werk in New York verlassen. Der Verlad auf das Frachtschiff „Westerdam" der Holland-Amerika-Linie erfolgte am 31. Juli 1948. Das Frachtschiff traf am 9. August 1948 im Hafen von Rotterdam ein. Die Überführung von Rotterdam nach Luzern musste auf eigener Achse erfolgen. Ein Verlad auf Eisenbahnwagen war infolge Überschreitung des Lichtraumprofils durch die aufgeladenen Busse nicht möglich. Wegen einer Vereinbarung zwischen der Bahn und der Rheinschifffahrt wurde auch der Verlad auf ein Rheinschiff verunmöglicht (Konkurrenzklausel Bahn/Schiff). An der Stadtratssitzung vom 18. Juni 1948 wurde ein Kredit von Fr. 4000 für die Überführungskosten bewilligt. Die Ueberführung der neuen Autobusse wurde durch die VBL selber organisiert. Neben dem Direktor wurden sechs Mitarbeiter mittels Los bestimmt, um die Autobusse in die Schweiz zu fahren. Am 28. Juli 1948 wurde für die Twin Coach-Autobusse eine provisorische Betriebsbewilligung durch das Straßenverkehrsamt des Kantons Luzern erteilt. Mit diesem Datum wurden auch die fünf Luzerner Polizeikennzeichen LU 7419 und LU 7420 sowie LU 7438 bis LU 7440 an die neuen Twin Coach-Autobusse abgegeben. Folgende Mitarbeiter hatten die Ehre, die neuen Autobusse in ihre Heimat zu überführen: Direktor Hans Siegwart, Kontrolleur Alexander Weibel, Chauffeur Fritz Brunner, Chauffeur Johann Bucheli, Chauffeur Alois Buchmann, Chauffeur Hermann Märki, Chauffeur Anton Strebel.

Das Team verließ am Abend des 8. August 1948 Luzern, in Olten/SO wurde auf den Nachtzug in Richtung Ostende (Belgien) umgestiegen. Am Morgen des 9. August 1948 trafen die Luzerner schließlich in Rotterdam ein. Nachdem die Autobusse aus dem Frachtschiff ausgeladen waren, wurde unverzüglich die lange Heimfahrt in die Schweiz nach Luzern angetreten. Am Abend des 12. August 1948 traf der Bus-Konvoi in Luzern ein. Die Einfuhr in die Schweiz erfolgte am Nachmittag des 12. August 1948 im Zollamt Basel-Lysbüchel. Die Verzollung der Autobusse wurde am nächsten Tag in Luzern-Frachtgut vorgenommen. Am Eidgenössischen Schwing- und Aelplerfest vom 14./15. August 1948 wurden die brandneuen Twin Coach-Autobusse erstmals inoffiziell eingesetzt. Die offizielle Abnahme der Autobusse durch die amtlichen Behörden erfolgte am 16. August 1948. Der fahrplanmäßige Einsatz begann schließlich am 26. August 1948.

Technische Beschreibung der Twin Coach-Autobusse

Die Twin Coach-Autobusse mit zwei Einstiegstüren wurden mit folgendem Fassungsvermögen abgeboten:

Typ 34-S	Sitzplätze 34 + 1 Chauffeur
Typ 38-S	Sitzplätze 37 + 1 Chauffeur
Typ 41-S	Sitzplätze 40 + 1 Chauffeur
Typ 44-S/44-D	Sitzplätze 44 + 1 Chauffeur
Typ 58-D	Sitzplätze 58 + 1 Chauffeur (Gelenkautobus)

Die Verkehrsbetriebe Luzern hatten sich für den Typ 44-S mit 44 Sitzplätzen entschieden. Die selbsttragende Ganzaluminium-Karosserie war als zentraler Fachwerkkasten mit fünf Hauptspanten ausgebildet. Die Innenhöhe im Fahrgastraum betrug 1970 mm. Die Bodenhöhe über Straßenniveau betrug leer 830 mm und beladen 765 mm.

Die Gummi-Torsions-Federung war mit zusätzlichen Stoßdämpfern versehen, die Federelemente bestanden aus Gummi. Die Vorderachse war als Faustachse ausgebildet, die Hinterachse war nicht gekröpft wie dies bei Niederrahmen-Omnibussen normalerweise üblich war.

Eine Bendix-Westinghouse Druckluftbremse wirkte auf alle Räder, die Handbremse wirkte auf die Kardanwelle. Die gekrümmte Lenksäule besaß drei Gelenke und war somit nicht starr. Da die Lenksäule ganz nah an der Frontwand angeordnet war, hatte der

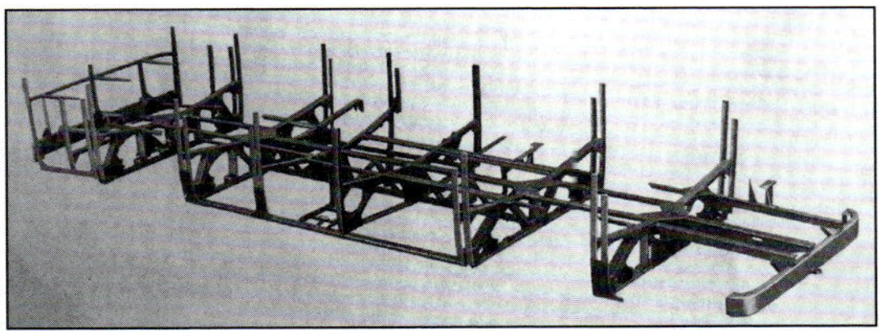

Selbsttragender Fachwerkkasten mit zwei Einstiegen eines Twin Coach-Autobusses

Foto: Werkbild Twin Coach Company Kent/Ohio (USA)

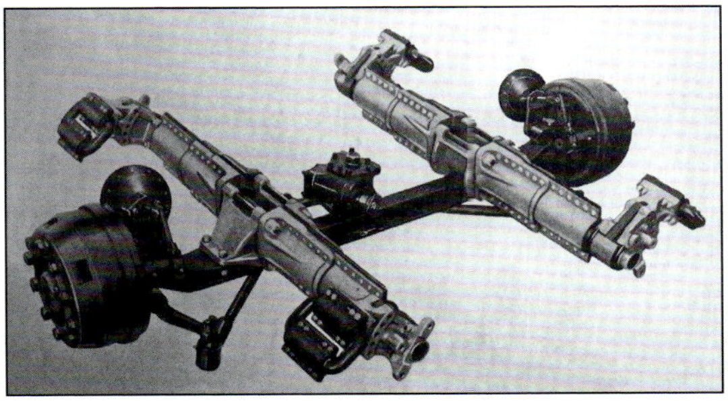

Die als Faustachse ausgebildete Vorderachse der Twin Coach-Busse mit Aufhängung und den Federelementen

Foto: Werkbild Twin Coach Company Kent/Ohio (USA)

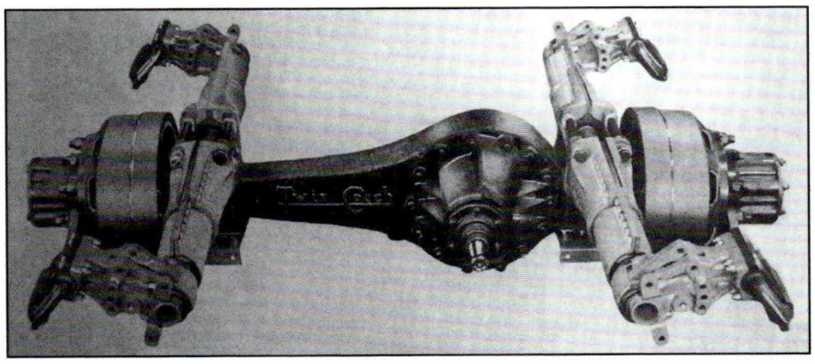

Die Hinterachse der Twin Coach-Busse mit Aufhängung und den Federelementen. Das Differential war aus der Wagenmitte seitlich versetzt angeordnet

Foto: Werkbild Twin Coach Company Kent/Ohio (USA)

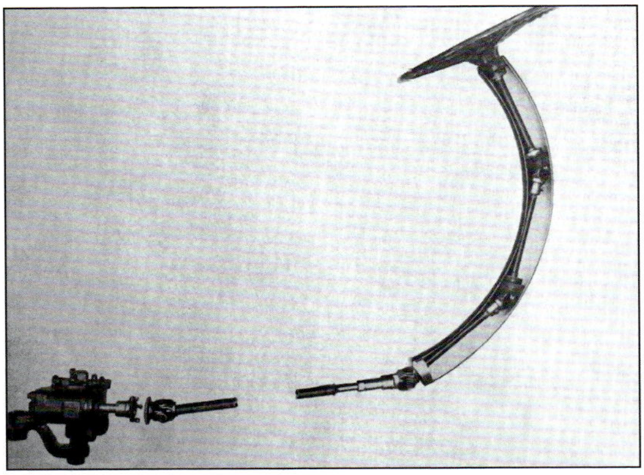

Die gekrümmte Lenksäule mit den drei Gelenken war sehr speziell bei den Twin Coach-Bussen

Foto: Werkbild Twin Coach Company Kent/Ohio (USA)

Der gegenüber heute sehr spartanisch wirkende Arbeitsplatz des Chauffeurs im VBL-Twin Coach Nummer 76

Foto: Hanspeter Huwyler Zürich (VBL-Garage Weinbergli, 27.11.2002)

Technische Daten der VBL Twin Coach-Autobusse Betriebsnummern 70 bis 74

Länge über Stoßbalken	10650 mm
Breite des Wagenkastens	2430 mm
Höhe des Wagenkastens	2870 mm
Radstand	5550 mm
Fassungsvermögen	38 Sitz- und 38 Stehplätze (inkl. Chauffeur)
Leergewicht	7310 kg
Nutzlast	5690 kg
Gesamtgewicht	13000 kg

Fahrer eine gute Übersicht nach vorne über das Verkehrsgeschehen.

Der Sechszylinder-Herkules-Unterflur-Dieselmotor leistete bei 2600 U/min 140 PS (Hubraum 6974 ccm). Die Nockenwelle war seitlich angeordnet, es wurden hängende Ventile verwendet. Die Einspritzpumpe und der Kraftstoffregler wurden von der Firma Bosch in Stuttgart (D) bezogen. Der Anlasser wurde mit einer Spannung von 24 V betrieben. Für die Kraftübertragung wurde ein vollautomatisches Dreigang-Getriebe mit Drehmomentwandler verwendet. Für die Fahrtrichtungsänderung kam ein Planetenwendegetriebe zur Anwendung.

Die erste Inverkehrsetzung aller fünf Fahrzeuge erfolgte am 28. Juli 1948. Der Herkules-Reservemotor Nummer 860618 wurde am 9. Dezember 1952 in den Wagen Nummer 71 eingebaut. Nach erfolgter Revision wurde der Motor mit Nummer 860141 aus Wagen Nummer 71 in Wagen Nummer 74 eingebaut. Der Motor mit Nummer 860128 wurde ebenfalls revidiert und ging anschließend in Reserve.

Herkules-Sechszylinder-Unterflur-Dieselmotor mit dem angebauten, automatischen Dreigang-Getriebe mit integriertem Drehmomentwandler der Twin Coach-Autobusse

Foto: Werkbild Twin Coach Company Kent/Ohio (USA)

Fahrzeugdaten der VBL Twin Coach-Autobusse Betriebsnummern 70 bis 74

Betriebsnummer	Chassisnummer	Motornummer	Polizeikennzeichen
70	44-SDT-1B	860138	LU 7419, ab 17.05.1951 LU 15001
71	44-SDT-2B	860141	LU 7420, ab 17.05.1951 LU 15002
72	44-SDT-3B	860134	LU 7438, ab 18.05.1951 LU 15016
73	44-SDT-4B	860142	LU 7439, ab 18.05.1951 LU 15017
74	44-SDT-5B	860128	LU 7440, ab 18.05.1951 LU 15018

Aus der Betriebsgeschichte der ersten fünf VBL Twin Coach-Autobusse bis Ende 1948

Die im Verkaufsvertrag festgesetzte Garantie betrug 50 000 km oder sechs Monate. Die Ersatzteilhaltung und die Spezialwerkzeuge für den Betrieb der Twin Coach-Autobusse war bei der Beschaffung schlicht vergessen worden. Mit einem Nachtragskredit von Fr. 48 688,85 wurden die Ersatzteile und Spezialwerkzeuge bis im Oktober 1949 nachträglich beschafft (Bewilligung des Kredits durch den Stadtrat am 14. März 1949). Die ersten Kinderkrankheiten an den neuen Autobussen machten sich bereits im November 1948 bemerkbar. Die Kollektorkohlen der elektrischen Pumpenmotoren nützten sich sehr schnell ab, was Störungen der Treibstoff-Förderung verursachte. Die sonst im Benzinbetrieb verwendeten Förderpumpen waren bei Dieselbetrieb ungeeignet (größere Viskosität des Dieseltreibstoffs). Nach Versuchen zeigte sich, dass die im Treibstofftank eingebauten Pumpen überflüssig waren und ohne Ersatz ausgebaut werden konnten. Im Dezember 1948 erstellte der VBL-Direktor Hans Siegwart eine Mängelliste über weitere Kinderkrankheiten an den Twin Coach-Autobussen:

VBL-Twin Coach Autobus Nummer 73 Chassisnummer 44-SDT-4B, Herkules-Unterflur-Dieselmotor Nummer 860142, erste Inverkehrsetzung 28. Juli 1948, ausgemustert Juni 1974. Dieses Fahrzeug wurde nach Holland verkauft und gelangte in ein Busmuseum *Foto: Sammlung Stadtarchiv Luzern*

- Diverse Magnetschalter funktionierten nicht zuverlässig
- Im Kühlwassersystem bildeten sich Luftblasen
- Die Gleichrichter funktionierten nicht zuverlässig
- Diverse Leitungen und Kabel waren unsorgfältig verlegt
- Elektrische Kabelanschlüsse wiesen zu schwache Lötstellen auf.

Im Laufe der Zeit konnten diese Kinderkrankheiten allmählich behoben werden und die Twin Coach-Autobusse bewährten sich gut im täglichen Betrieb. Ein Wehrmutstropfen blieb jedoch immer bestehen: Die Twin Coach-Autobusse waren nicht für alle Terrainverhältnisse geeignet. Lange, steigungsreiche Strecken konnten nur mühsam mit viel Lärm und Rauch bewältigt werden. Die etwas geringe Motorleistung sowie die Getriebeübersetzung waren für solche Strapazen nicht geeignet. In den USA wurden im städtischen Verkehr kaum große Steigungen befahren.

Die VBL beschafft in einem äußerst langwierigen Prozess zwei weitere Twin Coach-Autobusse

Um das steigende Verkehrsaufkommen in Stoßzeiten der Wintermonate 1948/49 zu bewältigen, musste die VBL fremde Autobusse anmieten (Mietkosten Fr. 48 500). Elf der 16 Autobusse der VBL stammten zudem aus den Jahren 1929 bis 1933 und waren entsprechend störanfällig. Aus diesen Gründen hatte die VBL erwogen, zwei neue Autobusse zu beschaffen. Im Frühling 1949 wurden diverse Offerten für die Beschaffung eingeholt. Die Twin Coach-Vertretung N.V. Autra in Laren (NL) bot am 25. Mai 1949 einen neuen Autobus zum Preis von 21 940,65 Dollar an. Im September 1948 hatte die Firma Titan Auto-Service AG in Zürich die Twin Coach-Generalvertretung für die Schweiz übernommen. Im November des gleichen Jahres hatte diese Firma zwei Twin Coach-Autobusse vom Typ 38-S in die Schweiz eingeführt. Diese beiden Busse wurden der VBL nun im Mai 1949 zu einem Verkaufspreis von je Fr. 107 117 ohne WUST angeboten. Am 4. Juni 1949 boten die VBL ihrerseits der Firma Titan einen Verkaufspreis von Fr. 95 000 inkl. WUST und sämtlichen Abänderungen für einen Autobus an. Im November 1949 hatten die VBL erfahren, dass die Firma Titan die beiden Busse zum Preis von je Fr. 90 000 den Basler Verkehrsbetrieben (BVB) angeboten hatten. Die Aussichten für den Verkauf der beiden Busse hatte sich nämlich für die Firma Titan massiv verschlechtert. Die Generaldirektion (GD) der Schweizerischen PTT teilte mit dem Zirkulationsschreiben vom 3. Februar 1948 den konzessionierten Automobilunternehmungen mit, dass die Lieferfristen für Fahrzeuge der einheimischen Industrie in absehbarer Zeit nicht mehr allzu lange sein würden. Die Ausnahmen zum bereits erwähnten Artikel 32 der Kraftwagenverordnung vom 8. Februar 1916 wurden mit diesem Schreiben aufgehoben. Eine Frist für die Anschaffung von ausländischen Fahrzeugen wurde noch bis am 30. April 1948 gewährt. Die Firma Titan stand beim Verkauf der beiden Twin Coach-Autobusse also unter Zugzwang. Bereits am 12. Mai 1949 hatten die VBL ein Gesuch für die Inbetriebnahme von zwei weiteren Twin Coach-Autobussen an die Automobilabteilung PTT eingereicht. Mit Verweis auf das erwähnte Zirkulationsschreiben vom 3. Februar 1948 wurde das Gesuch am 20. Mai 1949 abgelehnt. Gegen diesen Entscheid hatten die VBL beim Eidgenössischen Post- und Eisenbahndepartement am 2. Juni 1949 Beschwerde eingereicht, dieser Rekurs wurde am 15. Juni 1949 abgewiesen. Ein erneuter Rekurs mit der Begründung, dass bereits fünf solcher Autobusse im täglichen Einsatz standen, wurde am 15. Juli 1949 eingereicht. Was lange währt, wird endlich gut: Am 10. September 1949 wurde die Bewilligung zur Inbetriebnahme von zwei weiteren Twin Coach-Autobussen erteilt.

Zwischenzeitlich wurden die eingeholten einheimischen Offerten durch die VBL verglichen und geprüft. Folgende Karosserie-Aufbauhersteller gaben ein Angebot ab:

- 23. November 1949 Gebr. Tüscher Carrosserie Zürich, Preis pro Fahrzeug Fr. 69600 + 4 % WUST, gleicher Aufbau wie der Saurer 4ZP aus Zürich, wenn keine Serie hergestellt werden kann, erhöht sich der Preis um 12 %, Lieferfrist 24 bis 25 ½ Monate
- 14. März 1950 Hess Carrosserie Bellach/SO, Preis pro Fahrzeug Fr. 63500 + 4 % WUST, Lieferfrist 4 Monate
- 4. April 1950 Rupert Geser Carrosserie Luzern, Preis pro Fahrzeug Fr. 62500 + 4 % WUST
- 5. April 1950 Wartmann Carrosseriebau Horw/LU, Preis pro Fahrzeug Fr. 63500 + 4 % WUST, Lieferfrist 12 bis 14 Monate.

Zu den Preisen für den Aufbau kamen noch die Kosten für ein Chassis mit Motor dazu. Die Motorwagenfabrik Berna AG in Olten/SO bot am 1. März 1950 ein 4UP454ZW-Chassis mit einem T2-Motor zu einem Preis von 71500 + 4 % WUST an. Mit dem aufgeladenen T2Lm-Motor kostete das gleiche Chassis Fr. 75800 + 4 % WUST. Saurer Arbon/TG bot am 2. November 1949 einen fertigen, karossierten 4ZP-Autobus zum Preis von Fr. 141000 + 4 % WUST mit einer Lieferfrist von 36 Monaten an. Das günstigste Angebot der einheimischen Fahrzeug-Industrie lag nun bei Fr. 139360 inkl. WUST (Berna 4UP454ZW mit Motor T2 125 PS und einem Aufbau von Geser Carrosserie Luzern). Bei diesem Angebot musste mit einer Lieferfrist von 12 bis 18 Monaten gerechnet werden. Der Preis für einen Twin Coach-Autobus, wie er von der Firma Titan im November 1949 den BVB angeboten wurde, war also erheblich günstiger und sofort lieferbar.

Das Feilschen um den Verkaufspreis für die beiden Twin Coach-Autobusse nahm seine Fortsetzung: Am 17. Januar 1952 ging eine neue Offerte zum Preis von Fr. 85000 pro Bus ohne Abänderungen von der Firma Titan an die VBL. Die VBL ihrerseits offerierte Titan am 12. Februar 1952 einen Preis von Fr. 70000 pro Stück. Diesen Preis lehnte Titan vehement ab, da er offenbar unter den Gestehungskosten lag. Am 25. Oktober 1952 hatte der VBL-Garagenchef Rehm die beiden Twin Coach-Autobusse bei Titan in Zürich besichtigt. Bei dieser Gelegenheit wurden auch Versuchsfahrten ausgeführt und Rehm wies auf verschiedene Stillstandschäden hin. Titan schlug einen Verkaufspreis von Fr. 80000 pro Fahrzeug vor. Nach dieser Zangengeburt wurde am 20. Januar 1953 endlich der Verkaufsvertrag zwischen der Titan AG in Zürich und der VBL unterzeichnet. Bei einem Verkaufspreis von Fr. 75000 einigten sich die beiden Parteien. In einem Zusatzvertrag vom 2. März 1953 wurde im gegenseitigen Einvernehmen der Verkaufspreis um Fr. 2000 für die Anpassungsarbeiten reduziert. Für die VBL kamen noch Kosten in der Höhe von Fr. 30000 für Anpassungsarbeiten hinzu. Dem Großen Stadtrat von Luzern wurde ein Kreditbegehren von Fr. 180000 vorgelegt. Nun trat ein erneutes Problem auf: Die Kompetenz des Großen Stadtrates von Luzern bei Kreditbegehren lag bei 150000 Franken. Die freisinnige Mehrheit im Großen Stadtrat wollte eine Volksabstimmung unter allen Umständen umgehen. Um auch die benötigten 30000 Franken zu bewilligen, wurde ein Kunstgriff angewendet: Fr. 150000 wurden der Stadtkasse belastet und die restlichen Fr. 30000 wurden dem Ausgleichfonds der Verkehrsbetriebe entnommen. Diesem nicht ganz lupenreinen Vorgehen hatte der Große Stadtrat von Luzern an seiner Sitzung vom 2. Februar 1953 zugestimmt (19 Ja- gegen 14 Nein-Stimmen). Die Antwort aus dem Volk ließ nicht lange auf sich warten: Gegen diesen Entscheid hatten die beiden Bürger Hans Balsiger und Franz Stocker am 7. Februar 1953

Rekurs erhoben. Auch nach intensiver Bearbeitung der beiden Bürger durch einflussreiche Lokalpolitiker blieb der Rekurs aufrecht. Nun hagelte es in den Lokalzeitungen in und rund um Luzern von Stellungnahmen und Leserbriefen. In der Zeitung Vaterland vom 18. April 1953 wurden folgende Argumente gegen die Kreditvorlage publiziert:

- Die amerikanischen Autobusse seien für flache Strecken gebaut und am Berg zu langsam, bei Fahrten nach Wesemlin seien sie schon öfters stehen geblieben, das Übersetzungsverhältnis sei für Bergstrecken ungünstig
- Infolge der Übernahme von Stillstandschäden durch Titan seien die Wagen nicht sehr begehrt
- Von den VBL erwarte man mehr Voraussicht bei Bestellungen, das lange Warten habe wegen der langen Lieferfristen die Schweizerische Industrie ausgeschaltet
- Wagen 4 wurde verkauft und später wieder eingemietet, was wiederum auf mangelnde Voraussicht zurückzuführen sei
- Die Frage wurde aufgeworfen, ob es mit den bewährten Firmen Saurer, Berna und FBW gleich gehen solle wie mit den bereits liquidierten Firmen Martini und Pic Pic
- Zu guter Letzt folgte noch der Aufruf „Bürger schütze die einheimische Industrie, gib der Vorlage ein kräftiges Nein“.

Der Druck auf den Großen Stadtrat von Luzern aus dem Volk hatte seine Wirkung nicht verfehlt. An der Sitzung vom 23. März 1953 hatte der Große Stadtrat nach dem Rekurs entschieden, das Kreditbegehren einer Volksabstimmung zu unterziehen. Die Volksabstimmung wurde am Wochenende 18./19. April 1953 durchgeführt. Der Kredit von Fr. 180000 für die Beschaffung der beiden Twin Coach-Autobusse wurde von den Stimmberechtigten bewilligt (6467 Ja- gegen 3941 Nein-Stimmen). Am 20. April 1953 wurden die beiden Autobusse von Zürich nach Luzern überführt. Noch am gleichen Tag erfolgte im Kantonalen Straßenverkehrsamt von Luzern die Inverkehrsetzung. Die Titan AG gewährte den VBL eine Garantie von acht Monaten auf die beiden Busse (Ablauf der Garantie am 20. Dezember 1953). Unverzüglich wurde mit den Anpassungsarbeiten in der VBL-Werkstätte begonnen (Neuanstrich blau, Einbau von Linientransparenten).

Die beiden Twin Coach-Autobusse wurden am 13. November 1948 in die Schweiz eingeführt und durch die Titan AG in Zürich verzollt. Die beiden letzten Twin Coach-Busse vom Typ 38-S wiesen gegenüber den ersten fünf vom Typ 44-S folgende Änderungen auf:

- Radstand 4800 mm gegenüber 5550 mm
- 30 gegenüber 38 Stehplätzen
- Abweichende Länge
- Andere Vorder- und Hinterachse
- Anderes Kühlsystem und anderer Brennstofftank.

Am 8. Juli 1953 wurden durch die VBL Kosten für Stillstandschäden in der Höhe von Fr. 352 gegenüber der Titan AG geltend gemacht. Das Geschäft für die Beschaffung der zwei letzten Twin Coach-Autobusse wurde am 1. September 1953 endlich endgültig abgeschlossen: Es erfolgte die Begleichung der Rechnung, Fr. 147648 wurden von Luzern an die Titan AG nach Zürich überwiesen.

Die weitere Betriebsgeschichte der VBL Twin Coach-Autobusse ab Ende 1949

Am 7. Dezember 1949 wurde am Twin Coach-Autobus Nummer 74 ein Korkzapfen in die Ölleitung zwischen Drehmomentwandler und Ölkühler gestopft. Dies hatte eine übermäßige Erwärmung des Drehmomentwandlers zur Folge. Am 7. Juli 1950 wurde zudem am Wagen Nummer 73 ein Anschlussnippel zur Kühlwasserleitung zugelötet. Eine Überhitzung des Motors mit Beschädigung der Zylinderköpfe war die Folge. Da Außenstehende die Funktionsweise der Arbeitsorgane an den Twin Coach-Bussen kaum kannten, wurde die Täterschaft in beiden Fällen beim Garagenpersonal vermutet. Die Einwohnergemeinde Luzern, vertreten durch den Stadtrat, hatte am 24. Juli 1950 beim Amtsstatthalteramt Luzern-Stadt Strafanklage wegen Werksabotage gegen Unbekannt eingereicht. Am 14. September 1950 wurden neun Mitar-

Fahrzeugdaten der VBL Twin Coach-Autobusse Betriebsnummern 75 und 76

Betriebsnummer	Chassisnummer	Motornummer	Polizeikennzeichen
75	38-SDT-2B	860109	LU 15019
76	38-SDT-1B	860183	LU 15020

VBL-Twin Coach-Autobus Nummer 76 Chassisnummer 38-SDT-1B, Herkules-Unterflur-Dieselmotor Nummer 860130, erste Inverkehrsetzung 13. November 1948 bei Titan AG in Zürich, eingelöst bei den VBL am 20. April 1953. Dieses Fahrzeug ist als einziges in der Schweiz erhalten geblieben *Foto: Hanspeter Huwyler Zürich (VBL-Garage Weinbergli, 27.11.2002)*

beiter aus der VBL-Garage durch den Amtsstatthalter Franz Kurzmeyer verhört. Die Täterschaft konnte jedoch nicht eruiert werden und das Verfahren wurde schließlich eingestellt.

Am 27. Juni 1952 erschien der Ergänzungsbericht mit der Schlussabrechnung zur Beschaffung der ersten fünf Twin Coach-Autobusse (Kreditbeschluss Stadtrat vom 22. April 1948). Die Schlussabrechnung lautete wie folgt:

TwinCoach-Autobusse 5 Stück	Fr. 439090,95
Ozean-Fracht New York–Rotterdam	Fr. 54800,50
Seetransportversicherung	
Versicherungsgesellschaft „Zürich"	Fr. 4908,60
Kosten Überführung	
Rotterdam–Luzern	Fr. 2605,80
Einfuhrbewilligungen	Fr. 1053,20
Zollgebühren	Fr. 60790,50
WUST	Fr. 22424,00
Kosten total	Fr. 585673,55
Kredit	Fr. 572500,00
Mehr-Ausgaben	Fr. 13173,55

An der Stadtratssitzung vom 25. Juli 1952 wurde beschlossen, bei der Firma Franz Brozincevic Fahrzeuge AG in Wetzikon/ZH (FBW) einen günstigen Herkules-Reservemotor für die Twin Coach-Busse zu kaufen. Für diesen fast neuwertigen Unterflurmotor mit der Nummer 860618 wurde ein Kredit von Fr. 14500 gesprochen (der Motor wurde bereits am 22. Juli 1952 von FBW übernommen).

An den Stadtratssitzungen vom 21. November 1952, 1. Oktober 1953, 5. März und 27. August 1954 wurden Kredite zur Beschaffung von Ersatzteilen wie Motorenteile, Drehmomentwandler, elektrische Aggregate usw. für die Twin Coach-Flotte gesprochen (Fr. 11981, Fr. 6100, Fr. 16000 und Fr. 10000 jeweils inklusive Fracht, Zoll und WUST).

Am 6. September 1954 wurde durch den Stadtrat die Totalrevision der Motoren Nummer 860141 (316600 km) und Nummer 860138 (310000 km) beschlossen. Die nötigen Arbeiten wurden durch die Spezialfirma SIM AG in Zürich zum Gesamtpreis von Fr. 3750 ausgeführt.

An der Stadtratssitzung vom 3. Dezember 1954 wurde der Einbau von Frostschutzscheiben (Tergla-Heizscheiben) an den Wagen Nummer 70 bis 74 beschlossen, Kostenfolge Fr. 950 pro Fahrzeug (Kosten total Fr. 4750). Der Wagen Nummer 75 wurde am 30. Oktober 1954 und der Wagen Nummer 76 am 6. November 1954 mit Frostschutzscheiben ausgerüstet. Bei diesen beiden Fahrzeugen waren die Heizscheiben direkt an der Drehstromlichtmaschine angeschlossen.

Der 17. April 1955 war der schwärzeste Tag in der Geschichte der Luzerner Twin Coach-Autobusse. Wagen Nummer 71 war auf der Linie 24 als Kurs 225 mit zehn Passagieren nach Meggen/LU unterwegs. Nach der Haltestelle Brühlstraße in der äußeren Halde meldete ein Fahrgast kurz nach 13 Uhr dem Chauffeur Brandgeruch im Heck des Wagens. Der am 15. September 1904 geborene Chauffeur Alfred Meer hatte den Twin Coach-Autobus Nummer 71 unverzüglich angehalten, die Passagiere wurden zum sofortigen Aussteigen aufgefordert und Meer begann sofort mit dem Feuerlöscher, den Brand zu bekämpfen. Der Brand breitete sich sehr schnell aus und ein zweiter Feuerlöscher, aus einem VBL-Fahrzeug der Gegenrichtung, konnte den Vollbrand auch nicht verhindern. Durch eine Drittperson wurde die Feuerwehr alarmiert, die innert wenigen Minuten am Brandort eingetroffen war. Gemäß dem Rapport der Sicherheitspolizei des Polizeikommissariats 1 der Stadt Luzern hatte Chauffeur Meer nach den gängigen Vorschriften gehandelt und war somit absolut schuldlos. Wagen Nummer 71 erlitt bei diesem Brand Totalschaden, der VBL-Buchwert betrug noch Fr. 42 600 (Kilometerstand 176 000). Das Fahrzeug war bei der Gesellschaft „Neuenburger Versicherung" mit Fr. 70 000 versichert. Die noch brauchbaren Teile wie Drehmomentwandler, Vorderachse und Teile der Hinterachse wurden vom Versicherungsexperten auf Fr. 13 000 geschätzt. Der Versicherungsfall wurde mit der Überweisung von Fr. 57 000 an die VBL abgeschlossen. Die Brandursache konnten die Polizei-Detektive der Brandermittlung nicht eruieren.

Da die Firma Twin Coach und die Herkules-Motorenwerke künftig keine Autobusse und Motoren mehr herstellten, musste die VBL nochmals eine Sammelbestellung für Ersatzteile tätigen. An der Stadtratssitzung vom 20. August 1955 wurden Fr. 82 120 für diese Bestellung bewilligt (inkl. Fracht, Zoll und WUST).

Dank der günstigen Unterhaltskosten pro Wagenkilometer waren die Twin Coach-Autobusse bereits 1959 buchhalterisch abgeschrieben.

Für die noch verbliebenen sechs Twin Coach-Busse wurden die Seitenscheiben und die Glasschieber ersetzt. An der Stadtratssitzung vom 4. August 1960 wurde für diese Arbeiten ein Kredit von Fr. 17 500 bewilligt. Die Auswechslung der Scheiben erfolgte bei der Firma Rupert Geser Carrosserie in Luzern.

Am 9. Oktober 1962 wurde im Wagen Nummer 76 der Herkules-Dieselmotor Nummer 860130 eingebaut.

An der Stadtratssitzung vom 26. März 1963 wurde ein Kredit für einen Linienanzeiger auf dem Dach der sechs Twin Coach-Autobusse genehmigt (Kosten Fr. 1700 pro Fahrzeug). Diese Arbeiten wurden von der Firma Hess Carrosserie in Bellach/SO ausgeführt.

An der Volksabstimmung vom 2./3. Dezember 1972 hatten die Stimmbürger von Luzern der Fahrzeugbeschaffung für die VBL mit 13 718 Ja- gegen 9859 Nein-Stimmen zugestimmt. Der Kredit von 10 Millionen Franken umfasste die Beschaffung von zehn Gelenk-Autobussen und vierzehn Gelenk-Trolleybussen. Die Volvo-Gelenkautobusse vom Typ B58-55 erhielten einen Aufbau der Arbeitsgemeinschaft Hess Bellach und Geser Luzern. Der Nachläufer wurde bei Schenk in Stuttgart (D) gefertigt. Die Volvo B58-55 besaßen einen 260 PS starken Dieselmotor mit Turboaufladung, ein halbautomatisches Wilson-Getriebe und zwei zusätzliche Telma-Wirbelstrombremsen anstelle einer Auspuffbremse. Die

Die Heckpartie des total ausgebrannten VBL-Twin Coach-Autobus Nummer 71 Chassisnummer 44-SDT-2B am 17. April 1955 beim Halt auf Verlangen Brühlstraße. Nach den Löscharbeiten ist das Ausmaß der Beschädigung sichtbar

Foto: Sammlung Stadtarchiv Luzern

neuen Wagen mit den Betriebsnummern 101 bis 110 hatten die sechs Twin Coach-Busse ersetzt.

Der erste Twin Coach-Autobus mit der Nummer 73 wurde nach 1056 802 zurückgelegten Kilometern am 1. Juli 1974 für Fr. 500 an K.H. van der Zwaard nach Aalsmeer (NL) für ein Busmuseum verkauft.

Am 18. Juli 1974 wurden die Twin Coach-Busse 70, 72 und 74 für total Fr. 3000 dem Autoabbruch Robert Lustenberger in Werthenstein/LU verkauft.

Die Gruppe für Rüstungsdienste (GRD) der Schweizer Armee hatte Interesse an der Übernahme eines Twin Coach-Busses von Luzern. Im Frühjahr 1975 wurde ein Fliegerschieß-Kommandoposten am Neuenburgersee neu erstellt. Als Übergangslösung während der Bauphase wollte die GRD einen Autobus aufstellen (Schreiben an die VBL vom 21. Oktober 1974), der Handel kam jedoch nicht zustande.

Am 10. Januar 1975 wurde der Twin Coach Nummer 75 für Fr. 1000 dem Autoabbruch Rudolf L. Marton in Emmenbrücke/LU verkauft.

Der sechste und letzte Twin Coach Nummer 76 wurde am 13. Januar 1975 für Fr. 1000 der Volvo Automobile SA in Lyss/BE verkauft. Am 21. August 1979 wurde dieses Fahrzeug von den VBL zurückgekauft und anschließend restauriert, es ist der einzige, erhalten gebliebene Luzerner Twin Coach (letztes Fahrzeug der Twin Coach-Flotte, am 20. April 1953 an die VBL abgeliefert).

Alle Twin Coach-Autobusse hatten bei den VBL über 1 Million Kilometer zurückgelegt.

Quellen

- Schneeberger, Paul F.
- Verkehrsbetriebe der Stadt Luzern, 100 Jahre Tram, Autobus und Trolleybus
- Verlag Minirex AG Luzern, 1999 (ISBN 3-907014-12-X)
- Stadtarchiv Luzern Signaturen M 020 742 - 759
- Private Aufzeichnungen aus dem Archiv des Autors Hanspeter Huwyler, Zürich

VBL-Gelenk-Autobus Volvo B58-55 Nummer 107 Chassisnummer B58-55 4597 an der Endhaltestelle der Linie 20 in Ennethorw am 20. November 2002

Foto: Hanspeter Huwyler Zürich

Dr. Hans-Christian Herrmann

Chausson und die Saar

Eine besondere Geschichte

Die Automobilgeschichte des Saarlandes steht bis heute im Zeichen der Trikolore. Nach dem Zweiten Weltkrieg war die Saar von Deutschland abgetrennt worden. Zwar von einer halbautonomen Regierung von Saarländern geführt, durch eine Wirtschafts- und Währungsunion aber eng mit Frankreich verbunden, bestimmten französische Autos das Straßenbild. Deutsche Autos waren infolge hoher Zölle sehr teuer und durften auch nur in begrenztem Umfang importiert werden. Frankreichs Außenhandelsbilanz war chronisch defizitär. Und so eroberten nicht nur der Renault 4 CV, genannt Crèmeschnittchen, der Peugeot 203 und der Citroën 2 CV sowie der Traction Avant 11 CV die saarländischen Straßen,

Ein Chausson im Gewühl des Saarbrücker Stadtverkehrs, 1962

Foto: Stadtarchiv Saarbrücken, Nachlass Mittelstaedt, Nr. 2822

Die Bahnhofstraße in Saarbrücken, Frühjahr 1963: Links ein Chausson-Bus im belebten Stadtverkehr, umgeben von vielen französischen Fahrzeugen wie Renault Dauphine, Peugeot 403 und Citroën DS *Quelle: Stadtarchiv Saarbrücken, NL Mittelstaedt, Nr. 4949*

sondern auch Lastwagen und Omnibusse von Berliet, Renault, Floreat und vor allem Omnibusse von Chausson. Die Verkehrsbetriebe bei Städten und Kreisen waren dabei Abnehmer von Omnibussen – vor allem aber die Régie des Mines de la Sarre. Die Saargruben waren im Besitz der Franzosen, und für den Transport der Bergleute auf die Gruben spielten die Omnibusse eine entscheidende Rolle.

Chausson hatte als Hersteller von Kühlern und Kühlermasken im Jahr 1907 begonnen und belieferte fast alle französischen Autohersteller mit Kühlern bis auf Renault. Citroën nutzte den in Asnières-sur-Seine, einer Kleinstadt im Großraum von Paris, beheimateten Hersteller von Anfang an als Zulieferer. Die Marke mit dem Doppelwinkel war in den späten 1920er-Jahren zum größten Automobilhersteller Europas aufgestiegen. Im Zuge dieses Wachstums konnte Chausson Ende 1936 den in finanzielle Schwierigkeiten geratenen Automobilhersteller Chénard & Walcker übernehmen, immerhin damals die Nummer fünf im französischen Automobilbau.

Für die Entwicklung von Chausson sollte sich die Zusammenarbeit mit Ford als sehr positiv erweisen. Chausson produzierte für die Ford-Produktion in Frankreich Karosserien, und nicht zuletzt deshalb kam Chausson in den Besitz amerikanischer Werkzeugmaschinen, unter anderem 1934 die Budd-Maschinen. Chausson verfügte über Maschinen zur Herstellung von Tiefziehblechen, diese Maschinen wurden in einem Werk im Pariser Vorort Meudon konzentriert.

So sehr bis heute französische Autos im Saarland überdurchschnittlich stark vertreten sind, der VW Bully eroberte auch das Saarland; diese Aufnahme entstand 1958, im Hintergrund ein Chausson *Foto: Stadtarchiv Saarbrücken, Nachlass Mittelstaedt, Nr. 600*

Zu den Stärken von Chausson zählten die drei Türen zum Ein- und Ausstieg
Foto: Stadtarchiv Saarbrücken, Depositum Saarbahn, Nr. 1270

Die Familie Chausson erkannte im Bau von Bussen eine Wachstumsbranche und fertigte 1942 ihren ersten Bus, ausgestattet mit einem Imbert-Holzvergaser. Nach dem Zweiten Weltkrieg plante der französische Staat die Entwicklung seines Fahrzeugbaues. Ein nach dem Namen des Bearbeiters der Planungsbürokratie bezeichneter Plan Pons sah vor, dass sich die Hersteller keine Konkurrenz machen sollten, sondern jeder Hersteller sich auf ein bestimmtes Segment konzentrieren sollte. Renault sollte mit dem kleinen 4 CV die Massenmotorisierung Frankreichs einleiten, sehr zum Leidwesen von Citroën, war doch der 2 CV fertig entwickelt. Chausson wurde mit der Herstellung von Bussen beauftragt. Der Plan Pons hatte Auswirkungen auf die zugeteilten Rohstoffe und Maschinen. Und so baute Chausson noch im Jahr 1945 die stolze Zahl von 166 Bussen, und am 26. Mai 1948 konnte das Unternehmen seinen 2000sten Bus nach dem Zweiten Weltkrieg feiern.

Chausson entwickelte sich Anfang der 1950er-Jahre zum viertgrößten Bushersteller der Welt und zum größten Busproduzenten Europas. Stündlich verließ ein Bus die Werkhallen in Asnières. Die Marke entwickelte sich zum erfolgreichen Bushersteller und konkurrierte in Frankreich mit Berliet und Renault. Chausson wurde schließlich mit gut 30 Prozent Marktführer in Frankreich. Für die Qualitäten der Fahrzeuge sprach auch Chaussons Entwicklung zum exportstärksten französischen Bushersteller Frankreichs. Allein nach Polen liefert Chausson bis 1950 mindestens 600 Busse, die vor allem im öffentlichen Nahverkehr in Warschau liefen.

Chausson setzte auf Frontlenker und auf die Verbundbauweise, die in Frankreich insbesondere durch den Konkurrenten Floirat schnell populär wurde. Vor allem mit dem im Jahr 1952 vorgestellten Modell AP 52 erreichte Chausson neue Verkaufsrekorde. Dieses Modell sollte als Weiterentwicklung ASH 521 und 522 im Saarland der 1950er-Jahre bei den städtischen Verkehrsbetrieben in Saarbrücken, Saarlouis und Völklingen in der auf den Nahverkehr abgestimmten Variante zum Einsatz kommen.

Der Erfolg der Busse von Chausson beruhte auf ihrer Bauweise. Sie war ausgesprochen effizient in der Produktion, weil flexibel in Karosserieausführung sowie wartungsarm und damit wirtschaftlich im Betrieb. Die Karosserie konnte über eine Modulbauweise speziell auf die Kundenwünsche angepasst und die Maschinen damit sehr effizient eingesetzt werden. Chausson konnte Kundenwünsche individuell und flexibel erfüllen. Dies betraf insbesondere die Anzahl der Türen und Einstiege. Hier bot Chaussons neben dem Ein- und Ausstieg vorne und hinten auch die Möglichkeit einer dritten Tür in der Mitte. Beim AP 52 waren die hintere und mittlere Tür sehr großzügig ausgelegt mit jeweils vierteiligen Türen. Seinerzeit war das etwas Besonderes. Das Ein- und Aussteigen konnte sich so schneller vollziehen und damit die Fahrtdauer reduziert werden. Zum flexiblen Eingehen auf die Kundenwünsche gehörte auch ein Variantenreichtum bei der Bestuhlung. Das betraf nicht nur das Material und den Bezug, sondern auch die Anordnung der Sitze. Die in Saarbrücken eingesetzten Chausson verfügten über 67 Steh- und 20 Sitzplätze.

Im öffentlichen Personennahverkehr gefielen die Chausson-Busse mit ihrer großzügigen Innenraumhöhe und ihrer großzügigen Verglasung.

Den Betreiber eines Omnibusses interessieren bis heute vor allem auch die Unterhaltskosten.

Motor, Kupplung und Getriebe saßen beim Chausson vorn. Binnen zwei Stunden konnten sie komplett ausgebaut werden. Motorüberholungen als auch der Einbau von Austauschmotoren wie auch Getriebeüberholungen waren somit unter nahezu optimalen Bedingungen durchführbar. Die Antriebseinheit saß auf einem gummigelagerten Schemel. Auch bei der Produktion erwies sich diese Fertigung als ausgesprochen rationell.

Zu den damaligen Vorteilen der Chausson-Busse gehörte ihre Gewicht sparende Bauweise, ohne im Alltag durch fehlende Robustheit für Pannen und Reparaturen zu sorgen. Sie wurde unter anderem auch durch eine Hinterachse erzielt, die mit zwei anstatt vier Rädern auskam. Der Betreiber freute sich über Vorteile beim Verbrauch und den Fahrleistungen. Bei den Motoren verbaute Chausson vor allem Triebwerke von Somua und Panhard. Der erste Chausson-Bus verfügte über einen 80-PS-Benziner von Panhard, dann kam ein Sechszylinder-Diesel von Hotchkiss zum Einsatz und auch ein Diesel von Panhard mit 85 PS. Im AP 52 und seinen Weiterentwicklungen spielten die Diesel von Somua eine wichtige Rolle. Beim Somua handelte es sich um einen Sechszylinder-Diesel mit 130 PS, der als ausgesprochen zuverlässig und langlebig galt. Während das Panhard-Aggregat ein Benziner war, der aus 6,8 l Hubraum 110 PS mobilisierte. So galt insbesondere der Chausson AP 52 in der S-Version, so bezeichnet

Ein früher Metrobus mit dem Grill von Krauss-Maffei, dem Kooperationspartner von MAN beim Bau des Metrobusses

Foto: Stadtarchiv Saarbrücken, Nachlass Mittelstaedt

Der Verkehr in den 1960er-Jahren war durch große Unterschiede geprägt. Der ältere Herr auf seinem selbst gebauten Fahrrad dürfte sich nicht wohl gefühlt haben, wenn der kräftige Somua-Diesel anfuhr und ordentlich Dieselruß ausstieß

Foto: Stadtarchiv Saarbrücken, Nachlass Mittelstaedt

wegen des Somua-Triebwerkes, als Bus mit den niedrigsten Betriebskosten in Frankreich. Und hier sind wir schon bei dem Problem der Typbezeichnung. A steht für Autobus, der folgende Buchstabe steht für den Anfangsbuchstaben des Motorlieferanten, P für Panhard, H für Hotchkiss und S für Somua. Dann kommt die Kraftstoffart dazu, hier steht E für Benziner beziehungsweise „Essence" und H für Diesel beziehungsweise „Huile lourde". Die Zahlenkombination gibt das Erscheinungsjahr des jeweiligen Typs an. Ein gelegentlich verwandtes „u" steht für den Stadtverkehr beziehungsweise „urbaine".

So begeistert die Chaussons in den Fünfzigerjahren an der Saar aufgenommen wurden, so positiv überrascht waren die Saarbrücker Busfahrer vom MAN Metrobus. Saarbrücken zählte zu den ersten Städten in Deutschland, die sich für MAN entschieden hatten. Die ersten Exemplare kamen ab 1961 zum Einsatz – sechs Fahrzeuge vom Typ 640 HO 1 wurden ausgeliefert – und 1972 folgten 25 weitere. Ab dann wurden fast jährlich weitere beschafft vor dem Hintergrund des Auslaufens der Straßenbahnära; im Jahr 1971 nochmals 32 und 1972 nochmals 30 vom Typ 750 HO SL. Der Metrobus sollte zu dem Erfolgsmodell der Branche werden und in vielen Städten zum Einsatz kommen wie etwa München, Frankfurt und Dortmund. Die besonderen Qualitäten als Stadtomnibus signalisierte die Bezeichnung Metrobus. Auf der IAA 1959 erstmals vorgestellt, stieg MAN mit ihm ins Busgeschäft ein und positionierte sich nun gegenüber Daimler-Benz, Büssing, Magirus und Kässbohrer. Gegenüber dem Chausson lief der MAN viel leiser und komfortabler. Vor allem verlangte er den Saarbrücker Busfahrern weniger Bedienkräfte ab. Der Motor im MAN war im Heck als Heckunterflurmotor eingebaut – das war Platz sparend und sorgte für ein dezenteres Motorgeräusch. Im Chausson ragte der Motor stark in den Fahrerbereich hinein. Im Winter schenkte dies Wärme, im Sommer konnte es extrem Schweiß treibend werden.

Chausson-Busse fanden übrigens sogar den Weg in die DDR. Bei der Leipziger Messe präsentierte sich 1957 auch der französische Fahrzeugbau. Die in Frankreich starke kommunistische Partei verdiente zum einen am Export in sozialistische Länder mit, zum anderen hatte die DDR ein Interesse am Ausbau ihrer Wirtschaftsbeziehungen zum nicht-sozialistischen Wirtschaftsgebiet. Paris ignorierte damals die DDR, während zugleich Adenauer und de Gaulle die deutsch-französische Freundschaft eingeleitet hatten. Über Wirtschaftskontakte versuchte die DDR, ihre Position mittelfristig zu verbessern und die Front der Nichtanerkennung aufzubrechen. Dies erklärt die Beschaffung von Chausson-Bussen für die Potsdamer Verkehrsbetriebe. Sie sollen das auf der Messe ausgestellte Fahrzeug übernommen und bis 1964 weitere acht Exemplare beschafft haben. Dabei sollte man sehen, dass Chausson auch in Argenteuil ein Werk errichtet hatte, in dem der Kundendienst und die Reparatur der Busse ab 1952 konzentriert wurde. Jene seinerzeit kommunistisch regierte Stadt im Großraum Paris hatte 1959 wohl als erste französische Stadt mit Dessau eine Städtepartnerschaft geschlossen. Zur selben Zeit hatte Asnières eine Städtepartnerschaft mit Berlin-Spandau vereinbart.

Bei den Saarbrücker Verkehrsbetrieben liefen die Chausson-Busse regulär bis 1972. Mit der Ausmusterung wurde 1971 begonnen, 67 Exemplare wurden für zusammen 85 100 DM verkauft und weitere 23 im Jahr 1972. Diese Fahrzeuge sollen nach Polen geliefert worden sein.

Zwischen 1948 und 1954 hatte Chausson Karosserien für den Ford Vedette und später für den Simca Chambord/Versailles produziert, ebenso die Aluminiumkarosserie für den Panhard Dyna 54. Mit der Übernahme des Busgeschäftes durch Saviem bildete der Karosseriebau in den 1960er- und vor allem in den 1970er-Jahren den Schwerpunkt bei Chausson. Hunderttausende von Rohkarossen lieferte Chausson an eine Vielzahl französischer Hersteller: Für Renault nahezu alle Coupés und Cabriolets wie etwa die Floride und die Caravelle, die Modelle 15 und 17 bis zum Fuégo. Für Peugeot baute Chausson die Karosserien für die Transporter DB 4, J 5 und J 7 sowie für das 304 Coupé; ebenso die Karosserie für Sa Majesté – den Citroën SM. Die Busproduktion von Chausson wurde 1959 Saviem zugeordnet, der Nutzfahrzeugmarke von Renault. Im Jahr 1964 stellte Saviem den Chausson-Bus dann ein.

Hinter dem Mercedes O 321 fährt ein Saviem

Foto: Stadtarchiv Saarbrücken, Nachlass Mittelstaedt

Hanspeter Huwyler

Korrekturen zu den Jahrbüchern 2015 und 2016

Ein aufmerksamer Leser aus der Schweiz hat uns auf zwei zum Teil unrichtige Bildunterschriften im Jahrbuch Omnibusse 2015 aufmerksam gemacht.

So muss es auf Seite 18 oben korrekt heißen: Der Großraumwagen vom Typ Berna 5 VUP mit Unterflurmotor DCU 125 Nr. 88256 und der Chassis-Nr. 21013/33 wurde 1959 an die Autobus Baden und Umgebung GmbH in Wettingen/AG geliefert, am 28. Januar 1959 zugelassen und am 12. Dezember 1974 ausgemustert.

Und auf Seite 32 oben handelt es sich nicht um einen Saurer, sondern um einen FBW 51U55L mit der Chassis-Nr. 5578 mit EU3-Motor Nr. 5578, der am 8. September 1969 bei der Chemin de fer Gruyère-Fribourg-Morat (GFM) in Fribourg zum Verkehr zugelassen und am 23. Februar 1987 ausgemustert wurde.

Im Jahrbuch Omnibusse 2016 auf Seite 140 beziehungsweise Jahrbuch Omnibusse 2015 Seite 15 oben ist nicht ein Saurer L4C-H abgebildet, sondern ein AEC Regal Mark IV.

Jahrbuch Omnibusse 2015, Seite 18 oben

Jahrbuch Omnibusse 2015, Seite 32 oben

Jahrbuch Omnibusse 2015, Seite 15 oben beziehungsweise Jahrbuch Omnibusse 2016, Seite 140 oben

Dr. h.c. Konrad Auwärter

Oldtimerbus-Veranstaltungen

Vorläufiger Terminplan der Oldtimerbusveranstaltungen 2017 und 2018 – Änderungen vorbehalten. Aktuelle Termine finden Sie wie immer auf unserer Homepage www.konrad-auwaerter.de unter Termine.

2017

3. März – 5. März 2017
Retro Classics in Stuttgart

21. April – 23. April 2017
5. Europatreffen historischer Omnibusse in Sinsheim und Speyer
Kontakt: Auto & Technik Museum Sinsheim
Museumsplatz, D-74889 Sinsheim
Tel. +49(0)7261-9299-0, Fax +49(0)7261-9299-70

17. August – 20. August 2017
2. Oldtimertreffen im Saarland
Kontakt: Horst becker touristik GmbH & Co.KG
Hauptstraße 51, D-66583 Spiesen-Elversberg
Tel. +49(0)6821-71091, Fax +49(0)6821-71000
E-Mail: s.becker@becker-touristik.de

2018

27. April – 29. April 2018
6. Europatreffen historischer Omnibusse in Einbeck

Konrad Auwärter würde sich sehr freuen, wieder viele Omnibusfreunde/innen auf den kommenden Omnibustreffen begrüßen zu dürfen *Foto: Konrad Auwärter*

Dr. h.c. Konrad Auwärter
Tradition Innovation Beratung (TIB)
Friedrichstraße 2, D-94431 Pilsting
Tel. +49(0)9953-980034, Fax +49(0)9953-980039
E-Mail: konrad.auwaerter@t-online.de
www.konrad-auwaerter.de

Weitere Bücher unseres Verlages

Fordern Sie unser Gesamtverzeichnis an mit Büchern über **Autos**, **Motorräder**, **Lastwagen**, **Schwertransporte**, **Traktoren**, **Forstfahrzeuge**, **Baumaschinen**, **Feuerwehrfahrzeuge** und **Lokomotiven**:

Verlag Podszun Motorbücher GmbH
Elisabethstraße 23-25, 59929 Brilon
Telefon 02961-53213, Fax 02961-9639900
Email info@podszun-verlag.de
www.podszun-verlag.de

Fluggesellschaften von A-Z mit ihren Typen vom Propeller- über Turboprop bis zum Düsenantrieb.

174 Seiten, 390 Abbildungen
28 x 21 cm, fester Einband
Bestellnummer **824** EUR **29,90**

Die Geschichte des Unternehmens und außergewöhnliche Transporte mit einer Vielzahl Einsatzfotos.

174 Seiten, 4300 Abbildungen
28 x 21 cm, fester Einband
Bestellnummer **771** EUR **29,90**

Autokrane und Schwertransporte im Einsatz aus der Zeit der Rollfilmfotografie

160 Seiten, 480 Abbildungen
28 x 21 cm, fester Einband
Bestellnummer **831** EUR **29,90**

Der Autor hat die Magirus-Kranwagen aufgespürt und deren Lebensläufe lückenlos dokumentiert.

340 Seiten, 950 Abbildungen
28 x 21 cm, fester Einband
Bestellnummer **829** EUR **49,90**

Erstklassige Fotografie: Berufs- und Flughafenfeuerwehr, Werk- und Freiwillige Feuerwehren.

320 Seiten, 950 Abbildungen
28 x 21 cm, fester Einband
Bestellnummer **827** EUR **49,90**

Der Autor zeigt und erklärt die unterschiedlichen ELW, vom Pkw bis zum Sattelschlepper.

180 Seiten, 460 Abbildungen
28 x 21 cm, fester Einband
Bestellnummer **772** EUR **29,90**

Erstmals alle Borgward Lastwagen und Omnibusse sowie die Sonderaufbauten.

220 Seiten, 550 Abbildungen
28 x 21 cm, fester Einband
Bestellnummer **456** EUR **39,90**

Die Geschichte der MAN Omnibusse und komplette Chronik aller Omnibusbaureihen.

340 Seiten, 1.200 Abbildungen
28 x 21 cm, fester Einband
Bestellnummer **786** EUR **49,90**

In zwei Bänden die Historie von Kässbohrer und Setra und in einem umfangreichen Bildteil ...

280 Seiten, 800 Abbildungen
28 x 21 cm, fester Einband
Bestellnummer **730** EUR **39,90**

... die klassischen Kässbohrer-Aufbauten und die Entwicklung der Setra Baureihen.

280 Seiten, 900 Abbildungen
28 x 21 cm, fester Einband
Bestellnummer **731** EUR **39,90**

Kurzgefasste Geschichte von Kahl und Schwerlasttransporte der 1980er und 1990er Jahre.

144 Seiten, 290 Abbildungen
24 x 17 cm, Leinenbroschur
Bestellnummer **692** EUR **14,90**

Faszinierende Schwertransporte von Scholpp in den 1980er und 1990er Jahren.

144 Seiten, 285 Abbildungen
24 x 17 cm, Leinenbroschur
Bestellnummer **712** EUR **14,90**

Spektakuläre Schwertransporte aus den 1980er und 1990er Jahren und die interessantesen Fahrzeuge.

144 Seiten, 270 Abbildungen
24 x 17 cm, Leinenbroschur
Bestellnummer **581** EUR **14,90**

Die Pieper-Geschichte und spannende Schwertransporte aus den 1980er und 1990er Jahren.

144 Seiten, 285 Abbildungen
24 x 17 cm, Leinenbroschur
Bestellnummer **615** EUR **14,90**

Muldenkipper, Tieflader, Ladekranfahrzeuge, Geräteträger, Spezialfahrzeuge beim Bau.

260 Seiten, 600 Abbildungen
28 x 21 cm, fester Einband
Bestellnummer **826** EUR **39,90**

Die Autoren zeigen und erklären neue, hochinteressante Fahrzeuge bei ihren Einsätzen.

166 Seiten, 410 Abbildungen
28 x 21 cm, fester Einband
Bestellnummer **789** EUR **29,90**

Fortsetzungsband mit hunderten neuen großen Ladekranfahrzeugen aus ganz Deutschland.

170 Seiten, 440 Abbildungen
28 x 21 cm, fester Einband
Bestellnummer **828** EUR **29,90**

Sie sind auf Baustellen zu Hause und überall dort, wo schwere Güter transportiert oder gehoben werden.

144 Seiten, 310 Abbildungen
28 x 21 cm, fester Einband
Bestellnummer **770** EUR **24,90**

Geschichte des Milchtransports vom Handkarren bis zu den modernen Tankfahrzeugen.

160 Seiten, 380 Abbildungen
28 x 21 cm, fester Einband
Bestellnummer **562** EUR **24,90**

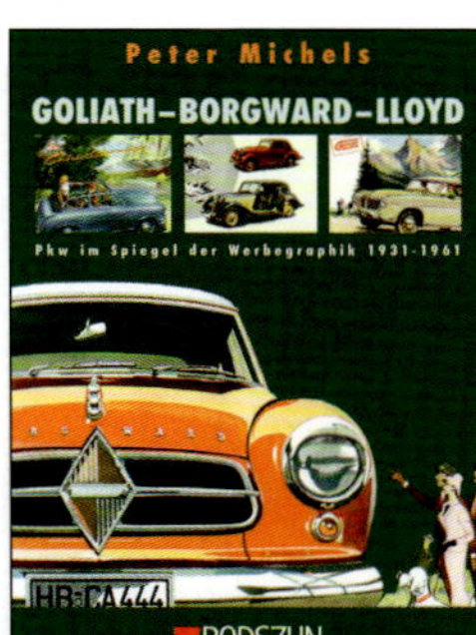

Ungwöhnliche Werbedokumente zeigen die Pkw von Borgward und präsentieren die Daten.

152 Seiten, 330 Abbildungen
28 x 21 cm, fester Einband
Bestellnummer **512** EUR **29,90**

Ein Buch der Extraklasse, eine gigantische Bilderschau mit mehr als 700 exzellenten Fotografien

320 Seiten, 700 Abbildungen
32 x 23 cm, fester Einband
Bestellnummer **790** EUR **49,90**

Alle Omnibusse und Lastwagen, die von der KVG Sachsen bis 1948 eingesetzt wurden.

216 Seiten, 310 Abbildungen
28 x 21 cm, fester Einband
Bestellnummer **191** EUR **17,45**

Sonderfahrt
WF S 61H
HB 961